Leinenführigkeit leicht gemacht

Wie Sie mit spielerischem Leinentraining Ihren Hund vorbildlich erziehen und in jeder Situation gekonnt reagieren

Sebastian Wiesner

Alle Ratschläge in diesem Buch wurden vom Autor und vom Verlag sorgfältig erwogen und geprüft. Eine Garantie kann dennoch nicht übernommen werden. Eine Haftung des Autors beziehungsweise des Verlags für jegliche Personen-, Sach- und Vermögensschäden ist daher ausgeschlossen.

Leinenführigkeit leicht gemacht

www.edition-lunerion.de

Für Fragen und Anregungen:
info@edition-lunerion.de
Auflage 2023

INHALT

Vorwort

Bei einem leinenführigen Hund geht es vor allem um eine Sache: Wer folgt und wer führt? Viele ganz unterschiedliche Möglichkeiten führen dazu, dem Hund das Gehen an der lockeren Leine beizubringen. Wahrscheinlich haben Sie davon schon ein paar ausprobiert – und waren dabei mal mehr erfolgreich und mal weniger. Der Erfolg ist dabei von verschiedenen Faktoren abhängig: Wie oft wird geübt, wie konsequent sind Sie dabei, welchen Hund mit welchem Charakter haben Sie überhaupt und was sind Sie für ein Mensch? Wie viel Zeit haben Sie für das Training und wie sieht das Umfeld aus?

Probieren Sie aus, welche Technik zu Ihnen und Ihrem Hund passt. In diesem Buch wird Ihnen nähergebracht, wie Sie mit positiver Verstärkung und Teamarbeit an Ihr Ziel kommen. Konsequenzen ja – aber keine Strafen.

Es geht vor allem um das körpersprachliche Arbeiten, denn das ist das Training, das Ihr Hund am intuitivsten versteht und anwenden kann. Körpersprachliche Signale, die in abgewandelter Form auch Hunde untereinander so einsetzen, bringt Ihren Hund am ehesten dazu, Ihnen zu folgen und sich an Ihnen zu orientieren. Das Ziel sollte es sein, dass Sie weniger nach Ihrem Hund schauen müssen – denn er behält Sie und Ihre Signale im Blick. Laufen Sie schneller, tut Ihr Hund es Ihnen gleich. Bleiben Sie stehen, bleibt Ihr Hund auch stehen. Die Vorteile dahinter sind eine stumme Verständigung, die größtenteils nonverbal funktioniert. Und Sie haben einen aufmerksamen Hund, der auch unter Ablenkung (zumindest gedanklich) bei Ihnen bleibt und auf Sie achtet. Die Leine ist dabei nur eine Absicherung und Sie brauchen Sie eigentlich gar nicht mehr, um auf Ihren Hund einen Einfluss zu haben. So ist auch ein sicherer Freilauf möglich: Wenn Ihr Hund sich eh mit Ihnen verbunden fühlt, braucht es auch kein physisches Stück Band mehr.

Ob Sie mit diesem Training bei Ihrem Hund Erfolg haben, liegt an Ihnen und Ihrem Teampartner. Bei einigen geht es schneller, andere Hunde brauchen länger – ambitionierte Jäger zum Beispiel werden sich von der Leine nicht so schnell beeindrucken lassen wie ein sowieso eher ruhiger Artgenosse. So oder so werden Sie und Ihr Vierbeiner von dem Training profitieren – Sie lernen sich besser kennen und werden besser miteinander kommunizieren.

Und nun viel Spaß beim Trainieren und Ausprobieren!

An die Leine, fertig, los!

Bevor es ins Training geht, müssen erst einmal gewisse Grundlagen geschaffen werden. Die wohl aufwendigste Vorbereitung liegt dabei bei Ihrem Hund: Denn wahrscheinlich freut er sich schon sehr darauf, rauszugehen, wenn Sie Leine und Geschirr oder Halsband zur Hand nehmen. Stellen Sie sich zu Anfang die Frage: Worauf freut mein Hund sich denn jetzt genau?

Will er mit Ihnen Zeit verbringen, wartet draußen schon ein Kumpel, drückt die Blase einfach nur sehr stark oder sind es doch die Mäuse im Feld, die er schon fiepsen hört? Häufig ist es nicht unbedingt unsere Anwesenheit, die den Hund so voller Ekstase werden lässt, sondern die äußeren Faktoren sind es. Und hier liegt bei den meisten

Hunden das Kernproblem, weshalb sie ziehen: Die Leine und der Mensch sind zwar körperlich anwesend, aber eher ein Störfaktor für den Spaziergang des Hundes. Deswegen ist auch das Anleinen nach dem Freilauf für viele häufig ein Problem. Die Leine bedeutet häufig, dass der Spaß jetzt vorbei ist.

Damit Sie diese Kernproblematik angehen können, ist es erst einmal wichtig, dass Sie mit Ihrem Hund eine Basis schaffen, um das Training überhaupt starten zu können. In diesem Buch werden Ihnen Grundlagen vermittelt, wie Ihr Hund lernt, gern mit Ihnen zusammenzuarbeiten. Ihr Hund wird lernen, dass die Leine nicht der Spielverderber ist, sondern hier die Party erst richtig losgeht und das Laufen an lockerer Leine sich lohnt.

Ihr Hund wird immer mehr den Fokus auf Sie setzen und mit den verschiedenen, kreativen Übungen in diesem Buch werden Sie für ihn immer spannender werden – dabei geht es nicht darum, die perfekte Schablone für das Training zu finden. Jeder Hund ist anders und hat andere Vorlieben. Gehen Sie mit diesem Buch und Ihrem Hund auf Entdeckungstour und lernen Sie sich selbst und Ihren Vierbeiner mehr kennen. Erweitern Sie Ihren Horizont und den Ihres Hundes um neue Spiele und Hobbys.

Das Ziel ist es, dass Ihr Hund ein gutes Gefühl hat, wenn er Sie mit der Leine in der Hand sieht, und Spaß daran findet, mit Ihnen zusammen Dinge zu entdecken und zu erleben. So wird auch der Freilauf immer entspannter und Ihr Hund verdreht nicht schon innerlich die Augen, wenn Sie ihn mit erregter Stimme zum hundertsten Mal vom Kaninchenbau abrufen – was wahrscheinlich eh nicht funktioniert. Die Konsequenz daraus ist, dass Ihr Hund im Zweifel gar nicht mehr frei laufen kann und damit seiner hündischen Neugier und seiner Natur nicht nachgehen kann.

Ganz nach dem Motto „Grenzen setzen, Freiheit schenken" gehört es zu einem Hundeleben in unserer Gesellschaft dazu, sich an gewisse Regeln zu halten.

Wie Sie diese Regeln Ihrem Hund artgerecht näherbringen können und was es für einen Hund bedeutet, mit Menschen bei Menschen zu leben, erfahren Sie in diesem Buch. Spaziergänge spannender gestalten, liebevoll Grenzen setzen und Ihren Hund durch gruselige Situationen führen – all das fördert Ihre Beziehung und macht Sie zu einem starken Team. Um all das auch angehen zu können und zum Schluss mit einem glücklichen und ausgelasteten Hund mit lockerer Leine an der Straße zu stehen, braucht es vor allem eins: eine gute Trainingsgrundlage.

Trainingsgrundlagen schaffen

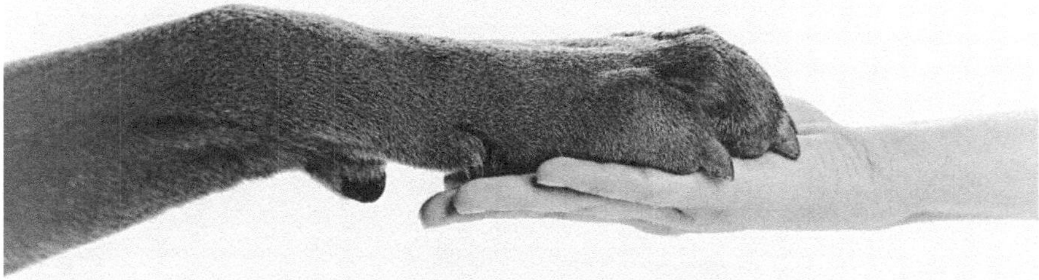

Die Basis für ein Hundetraining, das von Lorbeeren gekrönt sein soll, ist eine gute Beziehung zwischen Hund und Halter. Solch eine gute Beziehung baut sich auf zwei Säulen auf: Respekt und Vertrauen. Ihr Hund sollte also Respekt vor Ihnen haben – körperlich und emotional. Zum Beispiel sollte er Sie nicht bedrängen, also nicht anrempeln, anspringen oder wegdrängen. Diese Verhaltensweisen sind nicht nur dem Menschen gegenüber unhöflich, auch Hunde überschreiten so untereinander ihre Grenzen und würden sich in solchen Fällen maßregeln.

Auf der anderen Seite sollten aber auch Sie Ihrem Hund gegenüber Respekt zeigen. Lasten Sie ihn artgerecht aus, achten Sie auf seine Bedürfnisse und lassen Sie ihn auch einmal in Ruhe, wenn Ihr Vierbeiner das möchte.

Das Vertrauen Ihres Hundes bekommen Sie, wenn Sie ihm das Gefühl geben, ihn sicher durch das Leben und die Welt führen zu können. Zeigen Sie ihm, dass Sie schon wissen, was Sie tun, und immer mit Selbstvertrauen vorausgehen werden – Ihr Hund muss nur folgen. Dazu gehört auch, dass Sie keine Diskussionen mit Ihrem tierischen besten Freund führen dürfen: Ihr Weg ist der richtige und da gibt es auch kein Aber. Dabei sollten Sie natürlich darauf achten, Ihren Hund nicht zu überfordern. Seien Sie bestimmt, aber nicht einschüchternd oder respektlos. So können Sie sicher sein, dass Sie schnell eine gute Bindung zu Ihrem Vierbeiner haben – die Basis für alles Weitere.

DIE BINDUNG ZWISCHEN HUND UND MENSCH ALS BASIS

Bei der richtigen Leinenführung geht es nicht nur darum, dass Ihr Hund entspannt an der lockeren Leine läuft – das ist das Endergebnis einer Reise. Denn das Ziehen an der Leine ist ein Symptom, dessen Ursache gefunden werden muss. Es geht darum, dem Hund die Führung abzunehmen und ihn mit Vertrauen durch die Welt zu lenken. Ein Hund wird Ihnen aber nur dann uneingeschränkt die Führung überlassen, wenn Sie auch im Alltag konsequent sind und von Ihrem Vierbeiner ernst genommen werden. Treffen Sie die Entscheidungen und lassen Sie sich davon auch nicht groß von Ihrem Hund beeinflussen: Spielzeit ist dann Spielzeit, wenn Sie das sagen – und nicht, wenn Bello den Ball aus der Kiste kramt und Ihnen vor die Füße legt. Wenn es an der Tür klingelt, dann ist nicht Ihr Hund derjenige, der den Besuch lautstark und mit viel Gespringe begrüßt. Vielmehr sollte er sich zurücknehmen und darauf warten, was Sie machen.

Hunde lieben uns bedingungslos. Bis es so weit ist, müssen Sie sich diese Liebe aber erst einmal erarbeiten. Vor allem bei Tierschutzhunden mit unklarer Vergangenheit dauert es häufig länger, bis sie sich richtig öffnen und Ihnen ihr Vertrauen schenken. Ein Hund folgt uns wie ein Schatten – wenn es für ihn Sinn ergibt, das zu tun. Solch eine starke Bindung und dieses Vertrauen sollte immer wieder verfestigt und weiter ausgebaut werden. Das geht nicht von jetzt auf gleich, sondern braucht Zeit und Wissen.

Um die Bindung zu Ihrem Hund zu steigern und damit auch das Vertrauen, können Ihnen ein paar einfache Übungen helfen.

Das gemeinsame Spiel schweißt zusammen

Die Bindung zu Ihrem Hund wird durch das gemeinsame Spielen stärker. Beim Spielen verbringen Sie intensiv eine Menge Zeit zusammen, wobei vor allem eines im Vordergrund steht: der Spaß. Beim Spielen erlebt der Hund tolle Dinge, die er mit Ihnen verbindet. Diese positiven Verknüpfungen wird er sich merken.

Spielen Sie nicht mit Ihrem Hund, wird er sich eigene Beschäftigungen suchen, die ihm Spaß machen. Schnell wird er merken, dass es auch ohne seinen Menschen ziemlich lustig ist. Ihr Hund wird viel häufiger versuchen, seinen eigenen Weg zu gehen – denn damit verknüpft er den Spaß und die Freude, die er eigentlich mit dem gemeinsamen Spiel verknüpfen sollte. Wenn Sie noch nicht wissen, welche Spiele Ihr Hund gut findet, probieren Sie einfach ein paar Sachen aus – zum Beispiel:

- Apportieren
- Sich gegenseitig jagen
- Zerrspiele
- Suchspiele

Wichtig dabei ist nur: Sie sollen *gemeinsam* spielen. Wenn ein Ball fliegt, dann ist das nur eine gemeinsame Aktion, wenn der Hund den Ball auch aktiv zu Ihnen zurückbringt oder mit Ihnen ein Jagdspiel beginnt. Rennt Ihr Hund mit dem Ball weg und kaut seelenruhig darauf herum, dann ist das kein gemeinsames Spiel. Am besten starten Sie einfach ohne Spielzeug und toben zusammen. Ihre Hände können dabei zum Fang werden. Hunde spielen untereinander mit offenem Maul und wilder Mimik. Um das Maul zu imitieren, können Sie ganz einfach Ihre Hand nutzen. Tun Sie dafür so, als wäre Ihre Hand ein Maul, und ahmen Sie einfach die Bewegungen Ihres Hundes nach.

Hunde spielen mit schnellen, ruckartigen und kurzen Bewegungen. Sie jagen sich gegenseitig und schleichen sich aneinander an. Nutzen Sie diese Spielmethoden und lasten Sie sich und Ihren Hund so ordentlich aus. Dabei dürfen Sie Ihrem Hund viel mehr durchgehen lassen als im Alltag. Im Spiel wird mal geknurrt, angesprungen und das Maul wird genutzt. Wenn Sie Ihrem Hund dabei zu viel verbieten, dann macht es schnell keinen Spaß mehr. Seien Sie trotzdem sensibel und achten Sie auf die Körpersprache Ihres Hundes. Sollte er zu sehr aufdrehen oder droht das Spiel, zu kippen, unterbrechen Sie die Aktion kurz. Spielen Sie jedoch weiter! Genauso machen es auch Hunde untereinander.

Jagdspiele

Viele Hunde lieben es, sich gegenseitig zu jagen. Versuchen Sie es mal! Fordern Sie Ihren Hund auf, mit Ihnen loszurennen. Fangen Sie dann an, ihn zu jagen, oder lassen Sie sich jagen. Achten Sie dabei nur darauf, dass Sie sich abwechseln, damit die Jagd auch ein Spiel bleibt.

Rangeln

Gehen Sie vor Ihrem Hund auf den Boden und ahmen Sie seine Spielbewegungen nach: Patschen Sie mit den Händen auf den Boden, gehen Sie in Vorderkörpertiefstellung und gucken Sie, was Ihr Hund macht. Will er mit der Schnauze spielen? Dann nutzen Sie Ihre Hände, wie oben erklärt. Oder rempelt er sie an, vielleicht mit dem Hinterteil? Dann machen Sie mit. Lassen Sie sich darauf ein!

Zerren

Das haben Sie bestimmt auch schon einmal beobachtet: Ihr Hund hat etwas Tolles gefunden (ob nun Stock, Kuscheltier oder Socke) und läuft damit demonstrativ vor seinen Artgenossen umher. Irgendwann steigt einer ein, schnappt sich das andere Ende der Beute und ein Zerrspiel beginnt. Das macht den meisten Hunden einen großen Spaß – auch mit Ihnen! Nehmen Sie sich am besten ein Tau oder ein Stofftier und animieren Sie Ihren Hund damit zum Spielen. Sie können es über den Boden ziehen, selbst damit spielen und sich freuen oder es hin und her werfen, um Ihren Hund darauf aufmerksam zu machen. Fängt er an, daran zu zerren, machen Sie mit. Und dabei ist es auch total egal, wer gewinnt!

Regeln geben Sicherheit

Damit Ihr Hund ohne Sorgen und Hintergedanken mit Ihnen leben kann, braucht er Regeln im Alltag. Je weniger er hinterfragen muss, desto sicherer wird er. Sie müssen für Ihren Hund vorhersehbar sein, denn so kann er Ihnen vertrauen und sich bei Ihnen sicher fühlen. Sie sollten ein Orientierungspunkt sein. Dabei helfen Rituale und klare Strukturen:

Weisen Sie Ihrem Hund einen festen Platz zu, wo er sich aufhalten soll, wenn Sie es ihm sagen – und an den er sich auch zurückziehen kann. So wie Sie verlangen, dass er dort bleibt, müssen Sie es auch akzeptieren, dass dieser Platz nur dem Hund gehört. Hier soll er zur Ruhe kommen können, und das auch verlässlich. Genauso gehört ein geregelter Tagesablauf zu den Regeln:

- Gibt es vor, bei oder nach dem Spazierengehen Futter?
- Wann soll Ihr Hund neben Ihnen laufen?
- Wo darf er sich lösen, wo schnüffeln und wo einfach nur von A nach B laufen?
- Wann darf er auf Ihr Sofa?

Solche ritualisierenden Aktionen und Routinen ermöglichen Ihrem Vierbeiner, sich zu entspannen und sich sicher zu fühlen.

Ein respektvoller Umgang

Der Respekt ist der wichtigste Teil in der Beziehung zu Ihrem Hund. Seien Sie liebevoll und gehen Sie auf seine Bedürfnisse ein. Dazu gehört auch, das für Ihren individuellen Hund passende Verhältnis zwischen Action und Ruhe zu finden. Ein Border Collie wird sehr viel mehr Party einfordern als ein Mops. Dazu gehört auch, die richtige Auslastung für Ihren Hund zu finden. Achten Sie auf die rassespezifischen Eigenschaften, die Ihr Vierbeiner mitbringt. Ein Labrador wird an Apportieren wahrscheinlich sehr viel mehr Spaß haben als ein Dackel. Ein Husky wird sehr viel lieber mit Ihnen Kilometer machen als ein Sprint liebender Windhund. Haben Sie das richtige *Hobby* für Ihren Hund gefunden, dann finden Sie das richtige Maß. Denn ein Hund braucht zwischen den Bewegungsphasen viel Ruhe, um das Erlebte zu verarbeiten und Stresshormone abzubauen. Über- und *unter*fordern Sie ihn nicht!

Ihren Hund verstehen lernen

Damit Sie Ihrem Hund überhaupt richtig Regeln und Respekt vorleben können, müssen Sie erst einmal lernen, ihn zu verstehen. Hunde kommunizieren ständig und können uns nichts vormachen. Sie sind ein offenes Buch – man muss es nur lesen können.

Hunde sprechen vor allem mit Ihrem Körper. Ohren, Gesicht, Rute, Körperhaltung ... mit all diesen Dingen zeigt Ihr Hund Ihnen, wie es ihm geht. Wenn Sie sich mit Ihrem Vierbeiner intensiv beschäftigen und genau beobachten, wie Hunde sich untereinander verhalten, lernen Sie Ihr Tier schnell recht gut kennen. So können Sie es vermeiden, dass Sie aneinander vorbeireden. Wenn Sie Ihren Hund gut verstehen, dann sind die Kommunikation im Alltag und das Training sehr viel leichter. Ihr Hund vertraut Ihnen, da Sie schon wissen, was er meint, und Sie reagieren so, wie er es erwartet. Schulen Sie Ihre Sinne und fokussieren Sie sich auf die Körpersprache Ihres Hundes – und auch auf die Körpersprache anderer Hunde. So können Sie Begegnungen mit „Der will doch nur spielen"- oder „Der tut nix"-Hunden vermeiden und Ihren Hund vor diesen meist unangenehmen Hundebegegnungen beschützen. Ein typisches Beispiel für das Missverstehen von Hunden ist das Schwanzwedeln. Stellen Sie sich folgende Situation vor:

Sie gehen mit Ihrem Hund spazieren und ein anderer Hundebesitzer kommt Ihnen entgegen. Der Ihnen entgegenkommende Hund fixiert Ihren Hund, hat eine steife Körperhaltung, alle vier Pfoten stehen fest im Boden, er bellt und die Rute schwingt langsam hin und her. Er freut sich über den Artgenossen? Nein. Dieser Vierbeiner droht Ihrem Hund und eine Begegnung würde nicht gut ausgehen. Machen Sie am besten einen großen Bogen um solch ein Hund-Mensch-Gespann und vergrößern Sie den Abstand zu den beiden. Denn das Schwanzwedeln allein ist kein Indikator für einen freundlichen Hund. Es ist erst einmal nur ein Zeichen von Aufregung. Drohende Hunde, freudige Hunde oder auch jagende Hunde wedeln mit der Rute. Betrachten Sie deswegen das ganze Tier, um Missverständnisse zu vermeiden.

Beschwichtigungssignale Ihres Hundes

Die „Calming Signals“ sind für Ihren Hund sehr wichtig. Er beruhigt damit sich selbst und auch sein Gegenüber. Hunde nutzen diese Signale vor allem dann, wenn sie verunsichert sind oder sich unwohl fühlen. Wenn Sie versuchen, mit Ihrem Hund zu spielen oder ihn zu streicheln, und er zeigt diese Signale, sollten Sie ihn lieber in Ruhe lassen.

- Kopf abwenden und Blick senken
- Auf dem Boden schnüffeln
- Gähnen
- Kratzen
- Langsame Bewegungen
- Nase lecken

Unterwürfig oder dominant

Ein unterwürfiger Hund, der sich bedroht fühlt und einen Konflikt vermeiden will, wird sich unterwürfig verhalten. Das können Sie daran sehen, dass Ihr Hund sich kleiner macht – er duckt sich, macht einen Buckel oder legt sich sogar auf den Rücken.

Ein dominanter Hund macht sich im Gegensatz dazu groß, lehnt sich nach vorne, sucht direkten Blickkontakt. Oft wird die Rute steil nach oben gestreckt.

Das Knurren

Ein knurrender Hund ist aggressiv – oder? Tatsächlich knurren Hunde viel häufiger, als Sie vielleicht denken. Manche klingen auch im Spiel wie ein Höllenhund, auch im Spiel mit Ihnen. Ein Knurren kann aber auch durch Unbehagen, Angst oder auch Schmerzen ausgelöst werden.

Überblick: Ihren Hund verstehen lernen

Augen

Große Pupillen und ein generell sanfter Ausdruck in den Augen deuten auf einen entspannten und freundlichen Hund hin. Im Gegensatz dazu sollten ein fixierender Blick sowie starre und zusammengezogene Pupillen als Drohung verstanden werden. Zudem verstärkt die Haltung der Augenbrauen den Ausdruck des Hundes.

Kopfhaltung

Grundsätzlich signalisieren Hunde durch einen abgewandten Blick Friedfertigkeit, wohingegen direkter Blickkontakt als Selbstsicherheit und, je nach Kontext, auch als Konfrontation gedeutet werden kann. Wenn Hunde ihren Kopf fragend zur Seite neigen, sind sie außerdem verunsichert und sondieren die gegenwärtige Situation.

Ohren

Das Spiel mit den Ohren ist, je nach Rasse, ein wenig schwieriger zu deuten. Hunde mit ausgeprägten Hängeohren können diese nicht so spitzen wie beispielsweise ein Schäferhund. Aus diesem Grund müssen wir ganz genau schauen, welchen Wink uns unser Hund mit seinen Ohren geben möchte. Grundsätzlich signalisieren flach nach hinten angelegte Ohren Unterwerfung oder Angst, wohingegen nach vorne gerichtete Ohren Aufmerksamkeit und Sicherheit zeigen.

Rückenfell

Wenn Hunde erregt oder aggressiv sind, können sie ihr Rückenfell aufstellen. Dadurch wirkt der Hund optisch größer und sieht wuchtiger aus. Mit ausgestellter Brust will der Hund außerdem Verärgerung oder sogar eine eindeutige Drohung aussprechen.

Rute

Wedelt der Hund gelassen mit seinem Schwanz, deutet das auf eine freundliche Stimmung hin. Je nachdem, wie schnell er dabei mit seiner Rute wedelt, kann die Wedel-Geschwindigkeit aber auch auf Aufregung oder, je nach Kontext, auf Aggression hindeuten. Stellt der Hund seine Rute starr auf oder zittert diese ein wenig, signalisiert er damit Verärgerung oder Aufmerksamkeit. Wenn der Hund seine Rute zwischen seinen Hinterbeinen einklemmt, zeigt er, dass er ängstlich ist. Gegebenenfalls kann es hier bei Rassen mit kurzen Ruten zu Kommunikationsproblemen kommen, da bei ihnen das gesamte Hinterteil wackelt.

Schnauze

Auch von den Zähnen, den Lippen und den Mundwinkeln lassen sich viele Hinweise ablesen. So deuten nach hinten gezogene Mundwinkel auf Unterwürfigkeit hin. Zeigt der Hund dabei dann auch noch Zähne, droht er uns. Im Gegensatz dazu verraten nach vorne gerichtete Lefzen, aus denen leicht die Eckzähne hervorblitzen, dass sich der Hund entspannt fühlt. Grundsätzlich deutet ein leicht offenes Maul immer auf Entspannung hin, wohingegen Gähnen nicht immer mit Müdigkeit gleichzusetzen ist. Hunde gähnen sehr häufig aus den unterschiedlichsten Gründen. Einerseits gähnen sie, weil sie müde sind. Andererseits hilft das Gähnen den Hunden, sich in stressigen Situationen zu entspannen und zu beruhigen. Außerdem gähnen die Vierbeiner, um beruhigend auf ihren Gegenüber zu wirken.

Allgemeine Haltung

Bei der allgemeinen Haltung ist die Änderung der Körpergröße durch den Hund von entscheidender Bedeutung. Wenn sich ein Hund groß macht bzw. sich aufplustert, zeugt die Haltung von Selbstbewusstsein und er möchte seinen Gegenüber womöglich beeindrucken. Unternimmt der Hund jedoch den Versuch, sich eher kleiner zu machen, und kauert er sich vielleicht hin oder knickt seine Hinterbeine ein, ist er ängstlich und unsicher. Gibt der Hund seinen Bauch preis, indem er sich auf den Rücken legt, handelt es sich bei seiner Haltung um eine Unterwerfungsgeste. Doch wenn der Hund seinen Vorderkörper senkt und gleichzeitig sein Hinterteil in die Luft streckt und dabei mit seinem Schwanz wedelt, ist das eine Aufforderung zum Spielen.

Entspannte Körperhaltung

Bei der ganz normalen, entspannten Körperhaltung steht der Hund aufrecht und ist dabei entspannt und verkrampft nicht. Je nach Rasse wird die Rute in der Normalhaltung getragen und hängt dabei entweder einfach herab oder ist zum Beispiel im Bogen über den Rücken des Hundes gekehrt. Der Gesichtsausdruck sowie die Muskulatur des Hundes wirken harmonisch und sind entspannt. Seine Ohren bewegen sich, entsprechend der Bewegung des Hundes oder eventuellen Geräuschen, ganz locker.

Abwenden des Kopfes

Das Abwenden des Kopfes ist ein ganz typisches Körperverhalten von Hunden und oftmals dann zu beobachten, wenn sich entweder zwei Hunde begegnen oder wenn sich der Hund bedrängt fühlt, sobald er vom Menschen durch Beugen über ihn umarmt wird. Dann dreht der Hund seinen Kopf in die entgegengesetzte Richtung, zeigt seinem Gegenüber damit jedoch nicht die kalte Schulter. Vielmehr ist dieses Verhalten ein Zeichen von Höflichkeit. Hunde gehen nur dann mit direktem Blick aufeinander zu, wenn sie sich im Vorfeld bereits kennengelernt haben. Das Abwenden des Kopfes ist für den Hund eine Geste, die er einsetzt, um eine Situation zu entschärfen.

Am Boden schnüffeln

Hunde lieben das Schnüffeln und erkunden gerne die Gegend und riechen an anderen Hunden. Doch das Schnüffeln kann darüber hinaus auch noch eine andere Bedeutung haben. Hierbei geht es nämlich nicht immer nur darum, einem interessanten Geruch zu folgen. Bei genauerer Betrachtung fällt auf, dass die Nase des Hundes zwar knapp über dem Boden entlangwandert, sein Blick jedoch seinem Gegenüber gilt. Meistens ist das Schnüffeln am Boden eine Kombination aus Beschwichtigung und einer Übersprunghandlung.

Eingefrorene Bewegung

Die eingefrorene Bewegung ist ein sehr beruhigendes Verhalten. Hunde setzen dieses Verhalten ein, weil sie darauf hoffen, dass sich eine Situation wieder entspannt. Am liebsten würde der Hund einfach im Erdboden verschwinden und möchte nicht mehr beachtet werden. Das Einfrieren der Bewegung ist oftmals bei Hunden zu beobachten, die dieses Verhalten gegenüber sich nähernden Artgenossen zeigen. Außerdem sieht man dieses Körpersprachesignal häufig beim Training mit Menschen, sobald sich die Stimmung des Hundes von emotional in aggressiv umwandelt.

Fixieren

Das Fixieren ist ein Droh- und Imponierverhalten, bei dem der Hund seinen Blick starr auf den Gegenüber richtet. Dabei ist sein Kopf ganz ruhig, da sein gesamter Körper unter Anspannung steht. Auf das Fixieren folgen oftmals weitere Verhaltensweisen, die den Gegenüber abschrecken sollen, wie beispielsweise das Schnappen nach Luft.

Gang im Bogen

Hunde gehen nur ganz selten auf direktem Wege aufeinander zu und nähern sich vielmehr im Bogen, als Zeichen der Deeskalation, vorsichtig an. Damit signalisieren sie ihrem Gegenüber, dass sie ihn nicht provozieren möchten.

Hin- und Herwälzen

Wenn sich Hunde auf dem Rücken wälzen, kann das unterschiedliche Ursachen haben. Zum einen wälzen sich Hunde manchmal einfach vor **Glück** und bauen dadurch überschüssige Energie ab. Zum anderen könnten sie sich aber auch auf einem stark riechenden Untergrund wälzen, um ihren eigenen **Duft** zu **überdecken**. Auf der Jagd konnten sich Wölfe somit näher an ihre Beute schleichen, ohne dass diese sie bemerkte und floh.

Über den Fang lecken

Oftmals lecken sich Hunde über ihr Maul, wobei dieses Signal häufig von unsicheren Hunden angewandt wird. Zumeist drehen sie dabei zusätzlich ihre Ohren nach hinten und wenden ihren Blick ab. Damit wollen sie ihren Gegenüber besänftigen und demütig wirken.

Ungewisse Situation

In ungewissen Situationen legen Hunde ihren Kopf leicht schief und ducken diesen vielleicht sogar etwas. Außerdem legen sie ihre Ohren an und halten den Blickkontakt zu ihrem Gegenüber aufrecht. Sie sind sich nicht sicher, wie sie sich am besten verhalten sollen, und können die Situation nicht gut einschätzen. Rassebedingt hängt ihre Rute nach unten, sie zeigen sich zurückhaltend, defensiv, sind abwartend und unterwürfig.

Pföteln

Beim Pföteln winkeln oder heben die Hunde ihre Vorderpfoten aus vielen verschiedenen Gründen an. Einerseits ist das Pföteln ein Hinweis darauf, dass der Hund in einer bestimmten Situation überfordert ist – zum Beispiel, wenn er sich durch zu viel Nähe gestresst fühlt. Andererseits kann das Pföteln aber auch herausfordernd und aufdringlich sein, sobald der Hund zu viel Aufmerksamkeit fordert. Darüber hinaus setzen Hunde das Pföteln vermehrt in Spielsituationen ein. Hierbei gilt auch wieder, dass die ganze Situation sowie die gesamte Körperhaltung des Hundes beobachtet werden müssen.

T-Stellung

Die T-Stellung ist immer dann zu beobachten, wenn zwei Hunde spielen. Dabei stehen beide Hunde ungefähr in einem Winkel von 90 Grad zueinander und bilden eine Art T. Auch die T-Stellung ist kontextabhängig, da sie viele unterschiedliche Bedeutungen haben kann.

- Defensiv: Führend

Die defensive T-Stellung wird von den führungsstarken Hunden genutzt, die nicht darauf angewiesen sind, auf eine Interaktion einzugehen.

- Offensiv: Unsicher, machtdemonstrierend

Im Gegensatz dazu dient die offensive T-Stellung mit Blickkontakt der Machtdemonstration. Hierbei will der Hund Stärke zeigen. Darüber hinaus kann die offensive T-Stellung mit Blickkontakt aber auch bei unsicheren Hunden beobachtet werden, die nie wirklich gelernt haben, zu kommunizieren.

- Abschirmend/submissiv: Bindung, Kontakt

Weiterhin dienen die abschirmende T-Stellung zum Schutz und die submissive T-Stellung, bei der sich der Hund unter den Kopf-Hals-Bereich des anderen schiebt und so stehen bleibt, als Kontaktaufnahme zwischen zwei potentiellen Bindungspartnern.

• Spielaufforderung
Zuletzt kann die T-Stellung aber auch als Spielaufforderung verstanden werden. Hierbei stehen die Hunde quer zueinander oder ein Hund liegt. Dabei wird das Kinn aufgelegt und die Schulter wird angerempelt.
Mensch/Hund: freundlich/unfreundlich

Zudem können auch Mensch und Hund in T-Stellung zueinander stehen. Dabei steht der Hund quer zum Menschen und lehnt sich oftmals gegen seine Beine. Diese Haltung ist bei Bindungspartnern als freundlich aufzufassen, bei fremden Menschen aber eine unfreundliche und abweisende Geste.

Vorkörpertiefstellung

Die Vorkörpertiefstellung ist bei den Hunden zumeist eine Aufforderung zum Spielen, die aber auch beschwichtigend eingesetzt werden kann. Zeigt der Hund die Vorkörpertiefstellung, ist es immer wichtig, die gesamte Situation zu bewerten. Denn bei Hütehunden ist diese Stellung zum Beispiel Teil ihres natürlichen Hüteverhaltens.

Schaffen Sie Erfolgserlebnisse

Genau wie bei Menschen schaffen gemeinsame Erfolgserlebnisse zwischen Ihnen und Ihrem Hund Bindung. Ausgedehnte und lange Spaziergänge mit kleinen Abenteuern oder Wanderungen an neuen Orten machen da besonders viel Spaß. Sie können gemeinsam neue Wege entdecken und kleine Herausforderungen zusammen meistern. Gehen Sie die normale Gassirunde doch einfach mal andersherum oder laufen Sie querfeldein. Klettern Sie gemeinsam über Baumstämme oder versuchen Sie, zusammen einen Bach zu überqueren – die Natur bietet viele Abenteuer.

Natürlich ist auch Training ein Erfolgserlebnis für Sie und Ihren Hund. Werden Sie nicht wütend oder ungeduldig, wenn etwas nicht funktioniert. Das weckt bei Ihrem Hund nur Frust und Unverständnis. Gehen Sie im Trainingsablauf einen Schritt zurück oder probieren Sie einfach etwas anderes. Hundetraining ist eine Reise, die Sie zusammen gehen müssen.

- Gassi-Runde andersherum laufen
- Querfeldein laufen
- Über Baumstämme klettern
- Bach überqueren
- ...
- Zusammen etwas ‚meistern', ‚erleben'

Beschützen Sie Ihren Hund

Vor allem Vertrauen schafft Liebe und Bindung. Wenn Ihr Hund weiß, dass er bei Ihnen sicher ist und er sich bei Gefahr oder Angst auf Sie verlassen kann, dann kann auch die bedingungslose Liebe wachsen. Führen Sie Ihren Hund durch stressige Situationen und helfen Sie ihm. Aussagen wie „Die klären das unter sich" sind längst überholt und auf solche Floskeln sollten Sie nicht hören. Ein Dackel hat im Konflikt mit zwei Labradoren selten eine Chance. Wenn Sie sehen, dass Ihr Hund sich von anderen Hunden bedrängt fühlt, dann schicken Sie sie bestimmt weg und nehmen Ihren eigenen Hund hinter sich. Ein Spiel droht zu kippen und Ihr Hund braucht mal kurz eine Pause? Dann nehmen Sie ihn aus dem Spiel und lassen ihn zur Ruhe kommen, bevor es weitergeht. Aber nicht nur andere Hunde können zu Stress führen. Vor allem sind andere Menschen häufig Trigger. Wenn Ihr Hund signalisiert, dass er nicht gestreichelt werden möchte, dann lassen Sie das auch nicht zu. Wenn Sie Besuch bekommen und Ihr Vierbeiner ist auf seinem Platz, dann lassen Sie den Besuch auch nicht einfach an den Hund heran.

Ihr Hund wird schnell merken, dass er Angst oder Stress nicht allein durchstehen muss und Sie ihm zur Seite stehen. Mit dieser Basis wird die Bindung zu Ihrem Hund immer stärker werden und das Training wird einfacher.

DIE AUFMERKSAMKEIT DES HUNDES GEWINNEN

Das kennen Sie bestimmt auch: Sie rufen Ihren Hund und der dreht noch nicht einmal seine Ohren in Ihre Richtung. Ihr Vierbeiner will Sie dann nicht ärgern, ist dominant oder frech – etwas anderes war einfach spannender und reizvoller. Ob nun eine Ente, ein Reh oder ein Artgenosse, vielleicht auch nur ein frischer Maulwurfshügel – für Hunde ist vieles spannend und wir müssen uns als Mensch so interessant machen, dass alles andere irrelevant wird.

Aufmerksamkeit ist die Basis für eine gute Kommunikation. Denn wenn Sie von Ihrem Hund eine Reaktion erwarten, dann muss er dafür aufmerksam Ihre Befehle oder Anweisungen verfolgen. Aufmerksamkeit fällt vielen Hunden allerdings schwer. Sie selektieren Informationen nach der Wichtigkeit. Sie verarbeiten Informationen bevorzugt, die einen emotionalen Hintergrund haben. Als Erstes werden mögliche Gefahren und unbekannte Dinge ins Rampenlicht gestellt.

Fokus 1: Gefahren und Unbekanntes

Nimmt Ihr Hund also eine mögliche Bedrohung wahr, wie ein sich schnell nähernder Mensch oder ein schleichender Hund, werden Sie als Hundehalter schnell links liegen gelassen. Gefährliche und emotionale Dinge werden in den Fokus gestellt. Wir Menschen funktionieren ähnlich! Nicht umsonst sollten Sie in einer Gefahrensituation lieber „Feuer!" rufen und nicht „Hilfe!".

Fokus 2: Befriedigung von Bedürfnissen

Neben Sicherheit steht auch die Befriedigung von Bedürfnissen für Hunde im Mittelpunkt. Haben Sie einen Viszla oder Weimaraner, wird ein Reh vielleicht schnell spannender sein als Sie. Haben Sie wiederum einen Dackel, können Sie gar nicht so schnell reagieren, wie er sich in einen Dachs- oder Fuchsbau verkriecht.

Damit solche unüberschaubaren Situationen nicht ständig vorkommen, müssen Sie sich im Alltag so spannend machen, dass Ihr Hund gern den Fokus auf Sie setzt und Enten, andere Hunde oder den Fuchsbau links liegen lässt.

> Sie konkurrieren ständig mit den Reizen der Umwelt.

Mit folgenden 12 Schritten können Sie lernen, wie Ihr Hund mit Ihnen kooperiert.

Schritt 1: Ohne Bindung keine Aufmerksamkeit

Damit Ihr Hund überhaupt darüber nachdenkt, seinen Fokus auf Sie zu legen, muss die Bindung stimmen. Sie müssen für Ihren Hund der sichere Hafen und Anker sein und nicht ein weiterer unberechenbarer Faktor. Wenn Ihr Hund sich gern in Ihrer Nähe aufhält, dann wird er auch ohne Hintergedanken seine Aufmerksamkeit auf Sie richten können.

Schritt 2: Machen Sie eine Bestandsaufnahme

Aufmerksamkeit zeigen muss nicht bedeuten, dass Ihr Hund Ihnen direkt in die Augen schaut. Es reicht schon, wenn er einfach nur zu Ihnen guckt. Achten Sie einmal darauf: Wie oft zeigt Ihr Hund Ihnen den Tag über Aufmerksamkeit? Wenn Sie anfangen, die Aufmerksamkeit zu trainieren, können Sie so kontrollieren, ob das Training Früchte trägt.

Schritt 3: Aufmerksam sein wird belohnt

Über Wiesen rennen und im Bach toben macht sehr viel Spaß und ist verlockend. Wenn Ihr Hund Ihnen freiwillig Aufmerksamkeit schenkt, muss sich das für ihn lohnen. Belohnen Sie es jedes Mal und überall, wenn Ihr Hund Ihnen gegenüber aufmerksam ist. Haben Sie einen Hund, der sowieso oft Ihre Rücksicherung sucht, dann konzentrieren Sie sich auf schwierige Situationen – wie spielende Artgenossen oder ein sprintender Hase. In Situationen, in denen es Ihrem Hund leichtfällt, Ihnen Aufmerksamkeit zu schenken, nutzen Sie am besten stimmliches Lob. Die Jackpot-Belohnung (also ein besonders gutes Leckerli) sollte für schwierige Höchstleistungen zurückgehalten werden.

Schritt 4: Verschiedene Belohnungen nutzen

Damit Ihr Hund sich nicht langweilt und nicht genau weiß, was kommt, nutzen Sie am besten verschiedene Belohnungen. Die Art der Belohnung ist genauso wichtig und muss auf Ihren individuellen Hund abgepasst sein. Ist Ihr Hund futtermotiviert, dann sind Leckerlis natürlich eine gute und einfache Methode. Haben Sie einen jagdlich motivierten Hund, kann ein fliegendes Hasenfell oder ein Dummy viel Freude machen. Menschen mögen Gewohnheit und Routinen – wenn eine Sache funktioniert, dann nutzen wir diese eine Sache auch. Das ist für einen Hund jedoch schnell langweilig! Am besten nehmen Sie sich Karteikarten. Darauf schreiben Sie Belohnungen, die Ihrem Hund viel Freude machen. Jeden Tag vor dem Spazierengehen ziehen Sie eine Karte aus dem Stapel und nutzen für diesen Spaziergang diese Belohnung. So wird es weder für Sie noch für Ihren Hund langweilig! Tolle Belohnungen sind zum Beispiel:

- Das Lieblingsspielzeug
- Verbales Loben
- Käse

- Leberwurst
- Die Tagesration Futter
- Möhre oder Apfel
- Ein Futterdummy
- Wieder in Freilauf schicken
- Suchspiel
- Jagdspiel

Achten Sie auch auf die Länge der Belohnungssequenz. Hat Ihr Hund Ihnen über einen langen Zeitraum Aufmerksamkeit geschenkt, sollten Sie ihn auch mit mehr Aufmerksamkeit belohnen – denn so lernt Ihr Hund, dass es ihm nur Vorteile bringt, seinen Fokus auf Ihnen zu lassen. Widmen Sie sich einem längeren Spiel, machen Sie ein Wettrennen oder lassen Sie ihn ein paar Kekse suchen.

Schritt 5: Die Umwelt einbeziehen

Sie konkurrieren zwar mit der Umwelt, aber Sie können sie auch als Mittel der Aufmerksamkeit nutzen. Was macht Ihrem Hund in der Umwelt am meisten Spaß? Buddeln, Schnüffeln oder Klettern? All diese Dinge, die weder Ihrem Tier noch der Umwelt schaden, können Sie als Belohnung nutzen. Im Laufe des Trainings können Sie diese Dinge auch mit einem Befehl besetzen. Wenn Ihr Hund Ihnen gegenüber aufmerksam ist, dann schicken Sie ihn als Belohnung zum Klettern oder zum nächsten Maulwurfshügel. Übertreiben Sie aber nicht. Klettern und schnüffeln sollte Ihr Hund auch einfach so dürfen und nicht nur als Belohnung.

Schritt 6: Haben Sie Ihr Ziel im Blick

Behalten Sie bei der Arbeit mit Ihrem Hund immer Ihr Trainingsziel im Blick. Am besten definieren Sie sich ganz genau Ihr Ziel und, wenn notwendig, einige Zwischenschritte. So kommen Sie nicht vom Weg ab und können auch häufiger Erfolge feiern. Machen Sie immer wieder Bestandsaufnahmen. So werden Sie sehen, wie weit Sie schon gekommen sind. Ein Beispiel wäre:

Ziel: Der perfekte Rückruf

Schritt 1: Im heimischen Wohnzimmer ein Rückrufwort konditionieren.

Schritt 2: Draußen in ablenkungsarmer Umgebung das Rückrufwort trainieren – an der Schleppleine!

Schritt 3: Die Ablenkungen langsam steigern und weiter an der Schleppleine üben.

Schritt 4: Den Abruf aus dem Spiel üben, von Futter abrufen – alles an der Schleppleine.

Schritt 5: In ablenkungsarmer Umgebung ohne Schleppleine den Rückruf üben.

Schritt 6: Die Ablenkungen ohne Leine langsam steigern, bis Ihr Hund sicher aus dem Spiel und von der Beute abrufbar ist.

Schritt 7: Steigern Sie Ihre Anforderungen

Sie starten mit dem Training in einer Umgebung, die Ihrem Hund wenig Reize bietet. So ist es für den Hund einfacher, sich auf Sie zu konzentrieren. Läuft das Training in dieser Umgebung gut, können Sie einen Schritt weitergehen. Steigern Sie langsam die Anforderungen an Ihren Vierbeiner. Steigern Sie auch langsam die Dauer der Aufmerksamkeit, die Ihr Hund Ihnen zeigen soll. Gestalten Sie dafür kleine Übungseinheiten. So können Sie verhindern, dass der Hund zu aufgeregt wird, und Sie hören auf, wenn es am schönsten ist. Bei der nächsten Trainingseinheit wird Ihr Hund sich schon sehr auf das Training mit Ihnen freuen. Beenden Sie die Übungen immer mit einem Signal. Das kann ein „Okay“ oder „Vorbei“ sein – Hauptsache, Ihr Hund weiß, dass die Arbeit jetzt getan ist und er sich wieder seinen eigenen Dingen widmen kann.

Schritt 8: Ein gut wahrnehmbares Signal

Wenn Sie unter Signal stellen wollen, dass Ihr Hund seine Aufmerksamkeit auf Sie lenkt, dann sollte das Signal gut wahrnehmbar und von der Umwelt gut unterscheidbar sein. Überlegen Sie sich genau, was für Sie das richtige ist. Wenn Sie einfach den Namen Ihres Hundes verwenden wollen, fragen Sie sich, wie oft Sie den Namen im Alltag verwenden. Vielleicht ist eine Hundepfeife besser geeignet – oder vergessen Sie so etwas schnell zu Hause? Es gibt viele Möglichkeiten. Das Aufmerksamkeits-Signal sollte nicht zu ähnlich zu anderen Signalen sein, einfach auszusprechen sein und am besten aus zwei Silben bestehen. Auch sollte Ihnen der Befehl nicht unangenehm sein. Ein Signal wie „Hey Sexy“ ist vielleicht erst einmal ganz lustig – aber rufen Sie das mal in einem belebten Park an einem Sonntagnachmittag laut und inbrünstig.

Schritt 9: Achten Sie auf den Kontext

Hunde sind ziemlich genau und lernen im Kontext. Achten Sie also darauf, dass Sie an den richtigen Momenten belohnen und nicht schon die Belohnung in der Hand halten. Sonst verknüpft Ihr Hund die Belohnung möglicherweise falsch oder speichert ab, dass Sie immer den Keks in der Hand haben, wenn er die Aufmerksamkeit nach dem Signal auf Sie richtet. Ist das einmal nicht der Fall, wird der Aufmerksamkeitswechsel nicht gut funktionieren. Ihr Hund versteht Sie dann einfach nicht – er ist nicht unwillig oder böse. Vielleicht laufen Sie immer rückwärts, wenn Sie Ihren Hund zu sich holen oder seine Aufmerksamkeit wollen? Das ist nicht schlimm! Aber achten Sie auf solche Kleinigkeiten. Wenn Ihr Hund Sie mit Fragezeichen in den Augen anguckt, dann liegt das vielleicht daran, dass solche Details fehlen.

Schritt 10: Bei schlechter Laune trainiert es sich schlecht

Ihr Hund muss gesund und schmerzfrei sein, um gut und gerne zu trainieren. Auch sollte er nicht schon komplett ausgelaugt sein, wenn Sie ins Training gehen. Ein Hund konzentriert sich meistens auf zwei Dinge gleichzeitig: auf Sie als Besitzer, aber auch auf die Umwelt. Denn es kann immer mal etwas passieren. Versuchen Sie nicht, die alleinige Aufmerksamkeit zu bekommen. Das ist sehr anstrengend. Es lohnt sich für Sie, den Aufmerksamkeitswechsel mit einem Signal zu trainieren – auch, wenn die Ablenkung sehr groß ist. Es lohnt sich auch immer, die freiwillige Aufmerksamkeit Ihres Hundes zu belohnen. Vergessen Sie dabei aber nicht, Ihrem Hund Freiheiten zu gönnen und ihn Hundesachen machen zu lassen.

Schritt 11: Sicherheit und Management

Es ist noch kein Meister vom Himmel gefallen! Wenn Sie einen sehr nach außen getriebenen Hund haben, dann sichern Sie ihn anfangs mit einer Schleppleine am Geschirr. So können Sie in Ruhe und ohne Angst, dass etwas passiert, an der Aufmerksamkeit arbeiten. Außerdem hat Ihr Hund so keine Erfolgserlebnisse mehr, wenn er Sie nicht weiter beachtet. Gehen Sie vorausschauend durch die Umwelt und planen Sie Ihr Training. So können Sie sichergehen, dass Sie Erfolge feiern und Ihr Hund gute Erlebnisse mit dem Training verknüpft.

Schritt 12: Zwei Übungen für mehr Aufmerksamkeit

Mit zwei einfachen Übungen können Sie das Training für mehr Aufmerksamkeit starten. Die Übungen sind sehr unterschiedlich. Probieren Sie als Erstes am besten die, die von Ihrer Realität weiter entfernt ist, und testen Sie dann die, die mehr in Ihren Alltag passt.

1. Übung:
Achten Sie beim Spazierengehen ganz genau auf Ihren Hund und loben Sie ihn immer dann, wenn er Ihnen einen Blick zuwirft – die freiwillige Aufmerksamkeit soll sich für den Hund lohnen. Sie werden schon bei diesem einen Spaziergang merken, dass Ihr Hund Sie häufiger anschaut.

2. Übung:

Machen Sie augenscheinlich genau das Gegenteil. Im Alltag sprechen Sie Ihren Hund sicherlich oft an – jeder Richtungswechsel wird kommentiert. Der Hund muss sich gar nicht mehr groß an Ihnen orientieren, denn er bekommt ja alle Informationen hingeworfen. Und genau diese Erwartungshaltung soll nun gebrochen werden: Reden Sie nicht mit Ihrem Hund. Laufen Sie jetzt einfach querbeet und im Zickzack umher, wechseln Sie die Richtung. Sagen Sie dabei Ihrem Hund nicht Bescheid. Achten Sie aber stark auf Ihre Körpersprache. Der Effekt wird sein, dass Ihr Hund mehr auf Sie achtet und hinguckt, was Sie als Nächstes vorhaben.

3. Übung: Konzentration I

Die Konzentrationsübung lehrt Ihrem Hund, sich nicht durch andere Dinge ablenken zu lassen und einzig und allein darauf zu hören, worum Sie ihn bitten. Gehorsam und Selbstbeherrschung sind zwei Tugenden, die sich für Ihren Hund durch eine angemessene Belohnung auszahlen.

Geben Sie Ihrem Hund ein Hörzeichen, damit er sich hinlegt oder hinsetzt. Anschließend bitten Sie eine zweite Person, Ihren Hund abzulenken. Das kann beispielsweise durch geworfenes Futter oder einen Ball geschehen. Wenn Ihr Hund seine Position einhält, belohnen Sie ihn mit einem Leckerli.

4. Übung: Aufmerksamkeit

Bitten Sie Ihren Hund, sich entweder in die Position „Sitz" oder „Platz" zu begeben. Anschließend entfernen Sie sich mit wenigen Schritten von Ihrem Hund und platzieren rechts neben sich und Ihrem Vierbeiner einen Reiz, sodass Sie, Ihr Hund und der Reiz ein Dreieck bilden. Der Reiz kann zum Beispiel Futter oder ein Spielzeug sein. Sollte Ihr Hund das Kommando „Bleib!" noch nicht beherrschen, kann eine zweite Person ihn festhalten. Nun vergrößern Sie nach und nach den Abstand. Außerdem sollten Sie mit langweiligen Reizen beginnen, damit Ihr Hund die Ablenkung leicht ignorieren kann. Zuletzt rufen Sie Ihren Hund zu sich, der nun an dem von Ihnen ausgelegten Reiz vorbeilaufen muss, ohne diesen zu fassen. Wenn Ihr Hund der Ablenkung widerstehen konnte, belohnen Sie ihn und laufen dann gemeinsam zur Ablenkung. Je nachdem, für welche Ablenkung Sie sich entschieden haben, darf Ihr Hund mit dieser dann spielen oder sie fressen.

KLARE SIGNALE, KLARE ERGEBNISSE

Ob es Ihnen bewusst ist oder nicht: Wir kommunizieren die ganze Zeit mit unserem Hund. Denn der berühmte Satz „Man kann nicht nicht kommunizieren" trifft auch auf Kommunikation mit den Vierbeinern zu. Da Hunde untereinander hauptsächlich durch Körpersprache miteinander kommunizieren, achten sie auch bei uns am stärksten darauf. Auch Gerüche sagen häufig mehr als tausend Worte. Diese nonverbale Kommunikation können Sie ganz aktiv im Umgang mit Ihrem Hund nutzen. Sicherlich erwischen Sie sich auch häufig dabei, dass Sie Ihrem Hund alles erzählen, was Sie wollen, machen, sehen ... wie Sie es auch mit Ihren Mitmenschen tun würden. Ein Hund ist aber vielmehr daran interessiert, Sie zu beobachten, als Ihnen zuzuhören. Außerdem: Wenn Sie zu viel reden, dann stuft Ihr Hund Ihre Stimme irgendwann als eine unwichtige Nichtigkeit ein und gesprochene Signale oder der Rückruf verlaufen im Sand. Viel wichtiger ist Ihr Körper. Und Sie können Ihrem Vierbeiner nichts vormachen.

Stellen Sie sich einen sonnigen Samstagnachmittag vor: Sie haben lange geschlafen, abends gehen Sie mit Ihren Freunden ins Kino – ein rundum schöner Tag. Ihr Hund freut sich, bei Ihnen zu sein, bleibt immer in Ihrer Nähe, der Rückruf klappt. Dann am Montagmorgen sind Sie nicht gut aus dem Bett gekommen, es hat geregnet und es ist kalt, Sie haben eine unangenehme Besprechung mit Ihrem Chef und müssen noch schnell mit dem Hund raus. Und plötzlich ist alles wie verhext. Ihr Vierbeiner läuft die ganze Zeit weit voraus, verschwindet im Unterholz und ignoriert Ihre Rufe. Das kommt Ihnen gerade noch recht! Aber warum dieser plötzliche Sinneswandel bei Ihrem Hund? Er weiß ja schließlich, wie es geht. Keine Angst, das ist kein persönlicher Angriff. Vielmehr hat Ihr Hund einfach nur auf Ihre Körpersprache reagiert. Denn wenn Sie gute Laune haben, dann strahlen Sie das über Ihren ganzen Körper und Ihre Mimik aus – auch unbewusst. Ihre Stimme klingt freundlicher, Sie gehen entspannter und locker. Das nehmen Hunde wahr. Eine so freundliche und entspannte Stimme wirkt auf Ihren Vierbeiner einladend. Er hat Freude und Spaß daran, mit Ihnen zusammen zu sein, und ist gern an Ihrer Seite. Genauso spiegeln Hunde jedoch auch Ihre schlechte Laune wider. Wenn Sie gebückt oder stramm und geladen laufen, grimmig gucken und eine scharfe Stimme haben, dann wird Ihr Hund auf Distanz bleiben oder sogar versuchen, Sie zu beschwichtigen. Wenn Sie schlecht gelaunt sind, kann das bei Ihrem Hund zu Stress führen und auch bei gut sitzenden Signalen ist dann plötzlich der Wurm drin.

Eine gelungene Kommunikation

Damit die Kommunikation zwischen Ihnen und Ihrem Hund passt, müssen Sie wissen, wer Sie sein wollen. Sind Sie Anführer, Freund oder Beschützer? Was müssen Sie für diese Rolle erfüllen und was davon braucht Ihr Hund am ehesten? Als Anführer zeigen Sie Ihrem Hund ganz genau, wo der Hase langläuft, damit Ihr Hund es nicht tut, als Freund sind Sie eher auf Augenhöhe und als Beschützer stellen Sie sich in Situationen schützend vor ihn – ganz nach Hundeindividuum müssen Sie herausfinden, welche Art der Beziehung die richtige für Sie ist. Wie Sie schon wissen, mögen Hunde Routinen und vorhersehbare Handlungen. Ihre Aufgabe ist es, so glaubwürdig und vorausschauend wie möglich zu handeln. Je mehr Ihr Hund einschätzen kann, was gerade passiert und was Sie als Nächstes tun, desto eher wird er Ihnen auch gehorchen und mit Ihnen interagieren wollen. Bevor Sie mit dem Training beginnen, horchen Sie also in sich selbst hinein. Sind Sie wütend, müde, durstig, gestresst? Dann kommen Sie erst einmal zur Ruhe. So machen Sie es sich selbst und Ihrem Hund sehr viel leichter. Hundetraining soll Ihnen Spaß machen und für Sie und Ihr Tier Qualitätszeit bedeuten. Das ist nicht immer so leicht, vor allem, wenn etwas nicht funktioniert. Hundetraining bedeutet auch Menschentraining. Geben Sie also nicht auf. Das Umschwenken von Emotionen ist eine der Königsdisziplinen im Hundetraining, die Sie auch meistern werden.

So kommunizieren Sie klar

Wenn Ihr Hund gern am Fenster oder Gartenzaun Menschen, Schmetterlinge oder Autos verbellt, dann ist das lästig. Wenn Sie von hinten Ihren Hund immer wieder verbal korrigieren, bringt das wenig. Denn der Vierbeiner nimmt die erregte Stimme und Ihre Emotionen zwar wahr, ist aber mit dem Fokus ganz woanders: nämlich beim Schmetterling, der einfach so auf Ihren Rosen Platz nimmt! Ihr Hund interpretiert Ihr Schimpfen nicht als Rüge in seine Richtung. Vielmehr glaubt er, dass Sie mit ihm zusammen den Schmetterling anschreien.

Ihre undeutliche Kommunikation sorgt dafür, dass Ihr Hund sich merkt: Wenn er sich über Eindringlinge beschwert, lassen Sie Ihren Frust raus. Damit Ihr Hund Sie versteht, braucht es Ihre körperliche Präsenz. Geht das Verbellen los, atmen Sie tief durch und stellen sich ruhig, aber selbstbewusst zwischen Ihren Hund und den Reiz. Jetzt schicken Sie Ihren Hund weg. Gehen Sie ein Stück auf ihn zu, zeigen Sie mit eindeutigen Bewegungen zum Beispiel auf sein Körbchen und machen Sie so unmissverständlich und ruhig klar, was Sie von ihm wollen. Durch die Positionierung zwischen Hund und Reiz machen Sie klar, dass Sie sich dem Problem annehmen und Ihr Hund hier keine Aktien drin hat.

Denken Sie schon vorher daran, was Ihr Hund tun soll, und zeigen Sie es ihm mit Ihrer Körpersprache. Nur mit klaren Signalen bekommen Sie auch klare Ergebnisse. Sind Sie selbst noch verwirrt und wissen gar nicht, was jetzt eigentlich Sache ist, dann wird Ihr Hund das auch nicht wissen. Er ist ein Spiegel Ihres Verhaltens.

Checkliste: Kommunikation

Verbal:

✓ Stimmlage und Wortklang sollten immer positiv sein, damit der Hund mit der Ansprache Positives verknüpft und so gerne von seinem Besitzer hört.

✓ Ausschimpfen mit lauter und harter Stimme führen zur Abwendung des Hundes.

✓ Zu lautes Reden kann bei Hunden zu Schmerzen führen.

✓ Ansprachen sollten kurz gehalten werden, um Verwirrungen beim Hund zu vermeiden.

✓ gerne mit dem Hund reden und ihm vom Alltag erzählen -> Austausch

Nonverbal:

✓ Körpersprache bewusst einsetzen

✓ Immer dieselben Gesten für dieselben Befehle nutzen.

✓ Mimik und Gestik konsequent und logisch in der Kommunikation mit dem Vierbeiner einsetzen.

✓ Körperkontakt einsetzen, um die ungeteilte Aufmerksamkeit des Hundes zu bekommen.

✓ Bewegungen und Befehle kombinieren -> Hörzeichen und Handzeichen mit Worten und Verhaltensweisen verknüpfen

✓ Rituale und Gewohnheiten entwickeln, um dem Alltag Struktur zu verleihen.

Trainingsprinzipien

In den letzten Jahren ist das Thema Hundeerziehung immer populärer geworden. Egal, ob im Radio, Fernsehen oder in Zeitschriften – es ist ein Thema, das Hundehalter und auch Nicht-Hundehalter bewegt. Hunde haben eine viel persönlichere Rolle in unserem Leben als noch vor einigen Jahren und müssen viel mehr in der Gesellschaft leisten. Sie müssen mit ins Büro, ins Restaurant, auf Partys, Wettbewerbe ... Dadurch entstehen stressige Situationen, durch die Sie Ihren Hund mit vernünftigem Training lenken können.

Leider ist in Deutschland der Beruf des Hundetrainers nicht geschützt und hat daher auch keine einheitliche, geprüfte Ausbildung.

Jeder, der möchte, darf sich einen Hundetrainer nennen. Und jeder wirft mit anderen Begriffen um sich: Rudelkonzept, sprachloses Hundetraining, natürliche Hundeerziehung, Kynologie, Energieübertragung, Beziehung statt Erziehung – und das sind nur einige Beispiele.

Ein Hund zeigt sein Leben lang irgendein Verhalten – stehend, schlafend, sitzend, bellend, fressend ... und dieses Verhalten hat Konsequenzen, positive und negative. Diese Konsequenzen führen bei Ihrem Hund dazu, dass das Verhalten entweder weitergeführt oder unterbrochen wird. Jedes Hundetraining macht sich diese Konsequenzen zunutze.

Es gibt vier verschiedene Arten der Konsequenzen. Einige davon haben Sie sicherlich schon einmal in einschlägigen Hundetrainings-Serien gesehen oder im Park beobachten können. Zwei dieser Konsequenz-Systeme arbeiten mit Strafen. Übungen dieser Art werden Sie in diesem Buch nicht finden. Trotzdem ist es wichtig, dass Sie wissen, wie diese Strafen aussehen.

Positive Belohnung
Etwas Angenehmes wird *hinzugefügt,* z. B. ein Leckerli wird gegeben

Ausgelöste Emotion:
Freude

Negative Belohnung
Etwas Unangenehmes wird *entfernt,* z. B. Druck auf der Leine beim Platz

Ausgelöste Emotion:
Erleichterung

Positive Strafe
Etwas Unangenehmes wird *hinzugefügt,* z. B. starkes Rucken an der Leine

Ausgelöste Emotion:
Angst und Unsicherheit

Negative Strafe
Etwas Angenehmes wird *entfernt,* z. B. Ignorieren des Hundes

Ausgelöste Emotion:
Frust und Enttäuschung

Die positive Bestrafung

Positiv bedeutet in diesem Fall nicht, dass die Strafe etwas Gutes ist. Es ist damit das mathematisch Positive gemeint, also es wird in der Situation etwas hinzugefügt. Wenn Ihr Hund zum Beispiel an der Leine zieht und Sie reagieren darauf mit einem Ruck an der Leine, dann wird der Situation etwas Negatives als Strafe hinzugefügt. Diese unangenehmen Konsequenzen sind im Hundetraining typischerweise das Ziehen an der Leine, ein Kniff in die Lende, das Werfen von einem Schlüssel oder einer Klapperdose und das Bespritzen mit Wasser. Diese Konsequenzen sollen den Hund von dem unerwünschten Verhalten abbringen oder ihn so sehr hemmen, dass das Verhalten zumindest in geminderter Form ausgeführt wird. Sie fügen dem Hund Schmerzen zu oder er erschrickt sich. Dadurch wird sein Sicherheitsbedürfnis getriggert und er versucht, dieses Gefühl zu vermeiden. Egal, ob der Schreck nur kurz war: Der Hund verbindet damit unangenehme Gefühle. Je nachdem, wie die Bestrafung ausfällt, ist das Gefühl stärker oder schwächer.

Diese Art des Trainings kann dann effektiv sein, wenn bestimmte Regeln im Umgang damit eingehalten werden. Dafür muss für die jeweilige Situation ein Alternativverhalten aufgebaut werden, damit Ihr Hund überhaupt weiß, was Sie von ihm wollen. Zieht er an der Leine, muss er verstehen, dass die Lösung für das Problem das Laufen an der lockeren Leine ist. Außerdem sollte es für die Strafe eine Ankündigung geben – das Wort „Schlüssel" zum Beispiel, bevor er dem Hund vor die Füße geworfen wird. So hat der Hund die Chance, sein Verhalten eigenständig zu ändern. Hinzu kommt, dass das Verhalten immer sofort bestraft werden muss, sonst verknüpft der Hund die Strafe falsch – denn, wie Sie schon wissen, sind Hunde sehr genau. Ist man hier als Halter ungenau, ist der Hund dauerhaft gestresst und das Training ineffektiv. Im Alltag sind diese Regeln schwer umzusetzen. Denn schnell machen wir als Halter Genauigkeitsfehler. Das kann dazu führen, dass Ihr Hund seinen Frust in Aggression oder gesteigerte Angst umlenkt.

Wenn er nicht versteht, wie er der Bestrafung entkommen kann, wird er sich dagegen wehren und sich verteidigen wollen. Noch eine Nebenwirkung kann sein, dass das Gehirn des Hundes versucht, herauszufinden, was kurz vor der Bestrafung passiert ist, um dem unangenehmen Verhalten aus dem Weg zu gehen. Ist vielleicht kurz vorher ein Bus vorbeigefahren, ein anderer Hund kam oder ein Kind war in der Nähe? Mit Pech verknüpft Ihr Hund mit diesem Momentum die Strafe und wird auf den Reiz von da an negativ reagieren: Andere Hunde, Busse oder Kinder können von diesem Moment an negativ abgestempelt sein und ängstliches oder aggressives Verhalten auslösen. Auch können Sie als Halter bei Ihrem Hund ins schlechte Licht rücken – denn Sie sind immer dabei, wenn diese negativen Gefühle auf Ihren Vierbeiner einprasseln.

Die negative Bestrafung

Die negative Bestrafung ist das Gegenteil der positiven Bestrafung: Dem Hund wird etwas Angenehmes genommen, wenn er Verhalten zeigt, das nicht erwünscht ist. Wenn Ihr Hund zum Beispiel aus Aufregung bellt, weil er von Ihnen Aufmerksamkeit haben möchte, dann kann diese negative Bestrafung so aussehen, dass Sie ihn in einen Raum bringen, in dem er ganz allein sein muss. So verliert Ihr Hund jegliche Form der Aufmerksamkeit von Ihnen. Genauso ist es auch eine negative Strafe, wenn Sie den Hund ignorieren, sollte er an Ihnen hochspringen. Diese Art des Trainings kann bei Ihrem Hund eine Menge Frust auslösen. Diese Frustration lässt den Hund sich noch mehr in seine Erregung hineinsteigern, wodurch auch aggressives Verhalten ausgelöst werden kann. Gleichzeitig kann diese Art der Bestrafung nicht eingesetzt werden, wenn das unerwünschte Verhalten sowieso durch Frust ausgelöst wird. Denn diese Strafen basieren auf Frust. Fängt Ihr Hund im frustrierten Zustand schnell an, zu bellen, und Sie wollen das unterbinden, dann sollten Sie ihn nicht noch mehr frustrieren.

Die negative Verstärkung

Wenn Ihr Hund ein Verhalten zeigt und dadurch etwas für ihn Unangenehmes verschwindet, dann stärkt ihn das in seinem Verhalten. Zum Beispiel bringen manche Halter Ihrem Hund Sitz bei, indem Sie beim Hund auf das Hinterteil drücken. Um diesem Druck zu entgehen, setzt der Hund sich hin. Bald schon wird er verstehen, dass er sich beim Befehl „Sitz" lieber sofort hinsetzt, damit der unangenehme Druck nicht kommt. Sie dürfen die negative Verstärkung nicht mit einer Form der Bestrafung verwechseln. Denn diese Verstärkung hat das Aufbauen von Verhalten zur Folge. Wichtig ist, dass der Verstärker dem Hund keine Schmerzen zufügt. Ein Stachelhalsband zum Beispiel, das den Hund vom Ziehen an der Leine abhalten soll, tut Ihrem Vierbeiner weh. Solche Methoden sind tabu und haben mit einer artgerechten Hundeerziehung nichts zu tun!

Negative Verstärker finden Sie aber auch im hündischen Umgang untereinander. Geht der eine Hund an das Futter des anderen, wird der Napfeigentümer ihm unmissverständlich klarmachen, dass das nicht geht. Lässt der andere Hund vom Fressen ab, verschwindet das negative Verhalten und es herrscht wieder Harmonie.

Die positive Verstärkung

Zeigt Ihr Hund ein Verhalten und er erfährt dadurch etwas Angenehmes, wird er dieses Verhalten häufiger zeigen. Belohnungen machen dem Hund Spaß und er schüttet dabei viel Dopamin aus. Je häufiger Sie Ihrem Hund eine positive Rückmeldung geben, desto häufiger wird er sich für dieses belohnte Verhalten entscheiden.

Je mehr er das zeigt, was er zeigen soll, desto weniger Raum hat er dafür, unerwünschtes Verhalten zu zeigen. So können Sie Ihrem Hund auf angenehme Art und Weise Grenzen und einen Handlungsrahmen setzen. Am einfachsten ist es, wenn Sie sich bei diesem Training die Bedürfnisse Ihres Hundes zu Nutze machen. So sind Futter und Leckerlis nicht immer die richtige Art und Weise, Ihren Vierbeiner positiv zu verstärken. Ist Ihr Hund am Jagen interessiert und Sie wollen ihn dazu bringen, bei Ihnen zu bleiben, dann macht ihm ein Rennspiel oder ein herumwirbelndes Kaninchenfell wahrscheinlich mehr Spaß, als ein Stück Gouda vor die Nase gehalten zu bekommen. Wenn Sie als Bezugsperson mit der positiven Verstärkung trainieren, dann wird Ihr Hund diese positiven Gefühle mit Ihnen verknüpfen. So sieht Ihr Hund Sie bald als Freund und Partner, mit dem man viel Freude und Spaß haben kann. Außerdem löst diese Art des Trainings weder Aggression noch Angst aus – denn das Tier fühlt sich nicht bedroht. Diese Art des Trainings ist vielleicht etwas langatmiger und anstrengender, als einfach mit dem Schlüssel zu werfen. Denn Sie müssen Ihren Hund genau beobachten und kennenlernen. Sie ist für Sie und Ihren Vierbeiner aber die angenehmste Art und Weise, Dinge zu lernen und aufzubauen.

DER „WILL TO PLEASE"

Haben Sie schon einmal von dem „Will to please" gehört? Wenn Sie sich schon einmal mit Hunden beschäftigt haben, ist Ihnen dieser Begriff sicher schon einmal untergekommen. Als „Will to please" können Sie als „Willen, dem Menschen zu gefallen" übersetzen. Wenn Ihr Hund diesen „Will to please" hat, dann arbeitet er gern mit Ihnen zusammen. Aber verwechseln Sie diesen Willen nicht mit dem Arbeitseifer mancher Hunderassen.

Herdenschutzhunde

Manche Hunderassen haben einen natürlichen Antrieb, zu arbeiten. Das hat aber nichts damit zu tun, dass dieser Vierbeiner Ihnen zwangsläufig gleichzeitig gefallen will. Viele Hunde arbeiten selbstständig, wie *Herdenschutzhunde*. Diese Hunde wollen zwar arbeiten, aber das hat nichts mit Ihnen als Halter zu tun. Sie erfüllen eine spezielle Aufgabe, für die Sie gezüchtet wurden – und die hat viel mit eigenen Entscheidungen und einem unabhängigen Leben zu tun.
Rassen: Kangal, Kuvasz, Pyrenäenberghund, Maremmano, Komondor uvm.

Hütehunde

Ein Gegensatz dazu sind *Hütehunde*. Sie haben einen großen Arbeitseifer und wollen Ihnen gleichzeitig gefallen. Wie eine Maschine befolgt ein Border Collie Ihre Befehle innerhalb von Millisekunden. Achten Sie also bei dem Arbeitseifer und dem „Will to please" auch auf die Rasseeigenschaften Ihres Vierbeiners.
Rassen: Australian Shepherd, Border Collie, Deutscher Schäferhund, Bobtail, Briard, Beauceron, Puli, Shetland Sheepdog, Corgi, Mudi, Cattle Dog, Kelpie uvm.

Familien- und Begleithunde

Die *Familien- und Begleithunde* wollen Ihnen gefallen und mit Ihnen Spaß haben, sind aber nicht so darauf aus, einen Job zu erledigen. Mit Tricks oder anderen Beschäftigungen können Sie diesen Hunden aber eine große Freude machen.
Rassen: Pudel, Chihuahua, Bichon Frisé, Mops, Bologneser, Tibet Terrier, Havaneser, Malteser, Französische Bulldogge uvm.

Diese Hunde haben den „Will to please", das heißt aber nicht, dass Sie sie nicht erziehen müssen. Das wäre zu einfach gedacht. Denn eine gute und richtige Erziehung ist die Basis für ein gutes Zusammenleben mit Ihrem Vierbeiner. Viele Hunde mit einem „Will to please" sind meistens sehr freundlich und kooperativ. Diese Hunde orientieren sich stark an ihrem Menschen. Trotzdem brauchen auch diese Hunde eine konsequente Erziehung und eine klare Führung.

Einige Hunderassen sind dafür berühmt, dass Sie Ihren Menschen anhimmeln und ihm gefallen wollen. Die bekanntesten Rassen sind der Labrador und der Golden Retriever. Der Labrador Retriever ist freundlich, begleitet seine Familie furchtlos überallhin und will den Menschen gefallen. Deswegen ist er auch gut als Assistenzhund oder Therapiehund geeignet. Der Golden Retriever ist auch sehr anhänglich, unerschütterlich freundlich und es kann ihn nicht so schnell was aus der Ruhe bringen. Diese beiden Rassen sind daher nicht sonderlich schwer zu erziehen. Aber auch andere Rassen haben einen ausgeprägten Willen, es Ihrem Halter recht zu machen. Der schon erwähnte Border Collie ist nur einer von Ihnen. Auch Schäferhunde, Cattle Dogs, der Havaneser, Collies oder Spaniel haben diesen Drang.

Diesem „Will to please" steht der natürliche Instinkt des Entdeckens und der Neugierde der Hunde gegenüber. Diese gegensätzlichen Pole müssen Sie ausbalancieren. Denn Ihr Hund sollte beide Bedürfnisse ausleben können.

Test: Welcher Hund passt zu mir?

Um festzustellen, welcher Hund besonders gut zu Ihnen passt, können anhand von rassespezifischen Charaktereigenschaften gewisse Kategorisierungen vorgenommen werden. Bedenken Sie jedoch immer: Es handelt sich um Lebewesen und jeder Hund ist anders. Nicht jeder Golden Retriever ist auch immer ein super Familienhund. Die Hunde sollten deshalb stets individuell betrachtet werden. Um eine kleine Hilfe zu bekommen, welche Rasse gute und zu Ihnen passende Eigenschaften bereithält, können Sie den folgenden Test machen. Doch bedenken Sie, dass bestimmte Eigenschaften, wie z. B. die Verträglichkeit mit Kindern, nur ganz allgemein bewertet werden können. Natürlich kann man mit einem Hund immer trainieren und ihn langsam an fremde Dinge, wie schreiende und rennende Kinder, gewöhnen. Auch die Sportlichkeit oder die Lautstärke hängt vom individuellen Hund ab und kann trainiert werden. Nehmen Sie sich für diesen Test ein Blatt Papier und beantworten Sie die Fragen von A bis F. Dabei sollten Sie sich immer die Zahl notieren, die am meisten auf Sie zutrifft.

Fragen:

A) Ist Hundeerfahrung vorhanden?

1. Ja
2. Nein

B) Haben Sie Spaß daran, mit dem Hund zu trainieren?

1. Ja, ich liebe Herausforderungen
2. Ein Grundlagentraining reicht
3. Ich möchte nicht wirklich viel trainieren, wenn es nicht sein muss

C) Wie lange möchten Sie täglich spazieren gehen?

1. Ich suche einen Hund für gemütliche Spaziergänge (3 x 30 Minuten)
2. Ich möchte gerne lange Spaziergänge machen (> 30 Minuten)
3. Ich bin sehr aktiv und suche einen Trainingspartner für beispielsweise Hundesport

D) Wie groß soll der Hund sein?

1. Klein
2. Mittel
3. Groß

E) Wie leben Sie? Darf der Hund auch mal laut sein?

1. Ich wohne in einem Mehrfamilienhaus, daher wäre ein ruhiger Hund besser geeignet
2. Ich möchte einen Hund, der mein Haus bewacht
3. Die goldene Mitte wäre super

F) Leben Kinder mit im Haushalt?

1. Ja (Familienhund)
2. Nein (Hund für Paare ohne Kinder)

Hunderassen:

Airedale Terrier: A1; B2; C2; D3; E2; F2

Afghanischer Windhund: A1; B1; C2; D3; E3; F2

Akita: A1; B1; C2; D2; E2; F2

Alaskan Malamute: A1; B1; C2-3; D3; E2; F2

Australian Cattle Dog: A1; B1; C2-3; D2; E2; F2

Australian Shepherd: A1; B2; C3; D2; E3; F1-2

Beagle: A1-2; B2; C1-2; D2; E1; F1

Belgischer Schäferhund: A1; B1; C3; D3; E2; F2

Bernhardiner: A1; B1; C1-2; D3; E2; F1

Boxer: A1; B2; C2; D3; E3; F2

Briard: A1; B1; C2-3; D3; E3; F2

Bullterrier: A1; B1; C1-2; D2; E2; F1-2

Chihuahua: A2; B2; C1; D1; E3; F1

Chow Chow: A2; B2; C1-2; D3; E3; F1

Cocker Spaniel: A2; B2; C1; D1; E3; F1

Collie: A1; B1; C2-3; D3; E2; F2

Corgi: A1-2; B2; C1; D1; E3; F1

Dackel: A1; B1; C1; D1; E2; F2

Dalmatiner: A1; B1-2; C3; D3; E3; F1-2

Deutscher Schäferhund: A1; B1; C2; D3; E2; F2

Dobermann: A1; B1; C2; D3; E2; F2

Dogge: A1; B1; C2; D3; E2; F2

Französische Bulldogge: A2; B2-3; C1; D1; E3; F1

Golden Retriever: A1-2; B2; C2-3; D3; E3; F1

Hovawart: A1; B1; C2; D3; E2; F2

Husky: A1; B2; C3; D3; E3; F2

Irischer Wolfshund: A1; B1; C2; D3; E3; F2

Irish Setter: A1-2; B2; C2-3; D3; E1/E3; F1

Irish Terrier: A1; B1; C1-2; D2; E2; F2

Jack Russell Terrier: A2; B1-2; C1; D1; E3; F1

Kuvasz: A1; B1; C2; D3; E2; F2

Labrador: A1-2; B2; C2-3; D3; E3; F1

Leonberger: A1; B2; C2; D3; E2; F1

Magyar Vizsla: A1; B1; C2-3; D3; E3/E1; F2

Malteser: A2; B2; C1; D1; E3; F1

Mastiff: A1; B1; C2; D3; E2; F2

Mops: A2; B2; C1; D1; E1; F1

Münsterländer: A1; B2; C2-3; D3; E3; F1

Neufundländer: A1; B2; C1-2; D3; E2; F1

Pudel: A1-2; B2; C2; D3; E3/E1; F1

Rhodesian Ridgeback: A1; B1; C2; D3; E2; F2

Rottweiler: A1; B1; C2; D3; E3; F2

Schnauzer: A1-2; B2; C2; D2; E2; F1-2

Spitz: A1-2; B2; C1; D2; E2; F2

Weimaraner: A1; B2; C2; D3; E3; F2

West Highland White Terrier: A2; B2; C1; D1; E3; F1-2

Yorkshire Terrier: A2; B2; C1; D1; E3; F1

WARUM IST LEINENFÜHRIGKEIT EINE HERAUSFORDERUNG?

Das Thema „Leine" ist für Hundehalter ein Riesending. Viele haben damit ein Problem. Wie oft sehen Sie Hunde, die unkontrolliert von rechts nach links laufen, im Halsband hängen und ihre Besitzer durch den Park zerren. Einige umgehen das Problem einfach, indem sie nur ohne Leine mit dem Hund rausgehen, andere nehmen es einfach als gegeben hin. Aber warum ist das Gehen an der Leine eigentlich eine scheinbar so große Herausforderung?

Für Hunde ist es etwas Unnatürliches, in einem vorgegebenen Tempo an der Leine zu laufen. Vor allem auch deswegen, weil sich das Lauftempo des Hundes von dem des Besitzers unterscheidet. Die Leine ist zudem eine Einschränkung für den Hund, die es kaum zulässt, dass er seine natürlichen Instinkte ausleben kann – es sei denn, er zerrt seinen Menschen einfach mit.

Das können Sie mit einem Kind vergleichen, das an der Hand der Mutter durch einen Laden mit Spielzeug laufen muss – ohne anhalten zu dürfen oder langsamer zu werden. Dabei soll es bitte entspannt sein und keinen Terz machen. Genauso frustrierend ist es für Hunde, an der Leine durch die Welt zu laufen. Er kann keinen Fährten folgen, das territorialmotivierte Markieren nicht ausleben und muss anderen Verlockungen widerstehen. Im Unterschied zum Kind können wir als Mensch die Verlockungen für unseren Hund nicht sehen. Das macht es für uns oft unverständlich, warum unser Vierbeiner so reagiert, wie er reagiert. Aus Frust zieht der Hund an der Leine, bellt, springt vielleicht – eine Leine verbietet Ihrem Vierbeiner also im Prinzip erst einmal alles, was er will. Es wirkt, als würde der Hund denken, er wird schneller abgeleint, je mehr er an der Leine zieht. Wenn Sie ihn bei diesem Verhalten dann wirklich ableinen, loben Sie das Ziehen an der Leine damit. Auch wenn Sie Ihren Hund immer an derselben Stelle ableinen, kann das das falsche Verhalten konditionieren. Ihr Hund wird mit großer Wahrscheinlichkeit versuchen, immer sehr schnell zu diesem Ort zu kommen, um endlich die ganzen Bedürfnisse ausleben zu können, die unterdrückt werden mussten. Erkennen Sie sich und Ihren Hund darin wieder? Keine Sorge, da sind Sie nicht allein. Denn im Gegensatz zu anderen Problemen ist das Laufen an der Leine schwierig zu interpretieren. Auch das Fuß-Laufen haben viele Hunde schlichtweg einfach noch nicht begriffen. Sie wissen nicht, was Sie von ihnen wollen. Viele Hundehalter ziehen den Hund einfach zurück und zischen ein wütendes „Fuß". Was soll das Ihrem Vierbeiner sagen? Es kann passieren, dass Ihr Hund den Befehl mit dem Ziehen an der Leine verknüpft. Läuft Ihr Hund aber schon an der lockeren Leine, dann passiert ganz häufig gar nichts – kein Signal, kein Lob. So kann Ihr Hund mit diesem Verhalten nichts Positives verknüpfen. Ihr Vierbeiner muss lernen, dass es sich lohnt, locker und entspannt neben Ihnen zu laufen. Das können Sie durch eine kleinschrittige Umkonditionierung schaffen – mit dem sogenannten (Re-)Shaping.

RESHAPE: IN DEN DRUCK GEHEN STATT DAGEGEN

Das **Free Shaping**, also das „Freie Formen", ist für Sie und Ihren Hund eine Herausforderung: Sie trainieren damit Ihr eigenes Timing und Ihr Hund lernt nach und nach, welches Verhalten Sie von ihm verlangen.

Stellen Sie sich als einfaches Beispiel das Männchenmachen vor. Ein vorher eingeführtes Markersignal markiert alles, was in die richtige Richtung geht: Ihr Hund guckt hoch? Er wird belohnt. Ihr Hund streckt sich noch weiter nach oben? Er wird belohnt.

> Sie sehen: Beim Free Shaping soll sich der Hund das gewünschte Verhalten selbst erarbeiten. Diese Art des Trainings arbeitet mit der positiven Verstärkung.

Der große Vorteil an dieser Trainingsmethode ist, dass Sie sich als Hundehalter ein gutes Timing und eine gute Beobachtungsgabe erarbeiten können. Sie müssen genau wissen, wo Sie hinwollen und wie Ihr Hund dieses gewünschte Endergebnis erreichen kann. Ihr Hund lernt dabei, dass er Ihnen Vorschläge machen und anbieten kann, um von Ihnen eine Belohnung zu bekommen. Mit dieser Trainingsmethode bieten Sie Ihrem Hund also eine wunderbare Gelegenheit, sich geistig auszulasten.

Häufig wird auch argumentiert, dass die selbst erarbeiteten Verhaltensweisen von Ihrem Hund besser abgespeichert werden können als anders konditioniertes Verhalten. Das muss aber nicht ganz richtig sein. Wenn wir den Hund ins Männchen bringen, indem er sich diesen Stand selbst erarbeitet, dann bekommt er auf dem Weg dahin vielleicht 30 Kekse. Wenn Sie ihn einfach in die Männchen-Position locken und die Übung 30-mal wiederholen, hat Ihr Hund genauso viele Kekse bekommen und kann vielleicht sogar gefestigter den Männchen-Befehl ausführen.

Ein Nachteil bei dem Free Shaping kann sein, dass Sie damit auch Dinge belohnen, die Sie gar nicht wollen. Locken Sie den Hund einfach zum Beispiel ins Männchen, ist das verlangte Verhalten für Ihr Tier viel klarer. Für ungeduldige Hunde kann das freie Formen schnell frustrierend sein – vielleicht weiß Ihr Vierbeiner am Schluss gar nicht mehr, was das richtige Verhalten jetzt eigentlich war. Klappt es dann auch noch nicht so, wie gedacht, wird der Frust nur noch größer.

Diesen Frust können Sie vermeiden, indem Sie die Belohnungen etwas zurückschrauben. Von zehn guten Verhaltensvorschlägen werden nur die sechs besten belohnt. So kommt Ihr Hund schneller an das gewünschte Verhalten, aber wird trotzdem noch oft genug belohnt, um Freude an der Sache zu haben.

Timing ist alles

Ihre wichtigste Rolle ist es, an der richtigen Stelle zu belohnen. Machen Sie zum Beispiel Deckentraining und geben das Markersignal auf der Decke, aber den Keks, wenn der Hund wieder von der Decke runtergeht – dann gibt es die Belohnung erst, wenn der Hund seinen Platz wieder verlässt, und Sie konditionieren dieses Verhalten. Denn nicht das Markersignal ist für den Hund die primäre Belohnung, sondern der darauffolgende Keks. Wenn der Hund für das Sitzen auf der Decke eine kleine Belohnung bekommt, für das Danebenstehen aber eine große, dann können Sie sich sicher vorstellen: Das ist kein effektives Training.

Machen Sie sich Gedanken darüber, wo der beste Punkt für die Belohnung ist. Bei dem Deckentraining wäre das zum Beispiel der Punkt, an dem sich alle vier Pfoten des Hundes auf der Decke befinden. Wenn das Markersignal und der Keks im richtigen Moment kommen, dann können Sie am effektivsten trainieren. Im Englischen gibt es den Leitsatz: „We click for action and feed for position" – Sie belohnen den Hund mit dem Markersignal also dann, wenn er das richtige Verhalten ausführt, und geben den Keks dem Hund dann, wenn es für das Training am förderlichsten ist, also wenn in unserem Beispiel alle vier Pfoten auf der Decke sind.

Es lässt sich also zusammenfassen, dass das Free Shaping eine Variante des Trainings ist, an der Sie und Ihr Hund wachsen können – im Timing und in Ihrer Kommunikation. So kann Ihr Hund lernen, Verhalten auch selbst anzubieten. Sollte es um Verhalten gehen (wie zum Beispiel zuverlässige Leinenführigkeit) ist es besser, auf andere Übungen und Varianten umzusteigen. Denn sonst kann es passieren, dass Ihr Hund schnell Frust entwickelt.

Übung mit dem Target-Stick

Als einfache Übung mit dem Free Shaping eignet sich das Aufbauen eines Targets sehr gut. Ihr Hund soll einen Stick, eine Fliegenklatsche oder auch Ihre Hand mit der Schnauze berühren.

- Nehmen Sie dafür einen Target-Stick Ihrer Wahl in die eine Hand und das Futter in die andere. Präsentieren Sie den Stick Ihrem Hund, er wird wohl daran schnuppern. Das belohnen Sie mit Ihrem Markersignal und geben Ihrem Hund sofort einen Keks.

- Präsentieren Sie den Stick wieder Ihrem Hund und belohnen Sie Blicke, Schnuppern oder Berührungen.

- Hat Ihr Hund verstanden, dass es um den Stick geht, können Sie die Anforderungen langsam steigern. Wenn Ihr Hund den Stick nur anguckt und nichts weiter macht, belohnen Sie nicht und gucken, was passiert: Die meisten Hunde gehen mit mehr Nachdruck an die Sache und gehen zum Beispiel näher an den Stick heran – das belohnen Sie dann.

- Steigern Sie sich immer weiter und Sie werden dem Nasestupsen immer näher kommen.

- Hat Ihr Hund das verstanden, können Sie die Schwierigkeit steigern: Halten Sie den Stick in verschiedenen Positionen oder bringen Sie etwas Bewegung in die Sache.

Das Ganze können Sie immer weiter ausbauen und Ihren Hund in Drehungen schicken, ins Männchen, in einen Slalom – der Target-Stick ist so kreativ einsetzbar, wie Sie möchten.

Die Kiste

Mit dieser Übung können Sie und Ihr Hund das Free Shaping langsam kennenlernen. Sie brauchen nur Kekse und eine leere Kiste oder einen kleinen Karton. Bei dieser Lektion geht es darum, dass Sie jedes Verhalten belohnen, das der Hund mit der Kiste zeigt. So können Sie Ihrem Hund zeigen, dass es okay ist, kreatives und neues Verhalten anzubieten. Sie üben gleichzeitig das richtige Timing zum Belohnen.

AUFMERKSAMKEIT UND BELOHNUNG

Wie Sie schon wissen, sprechen wir im Hundetraining von einer positiven Verstärkung, wenn der Hund für das erwünschte Verhalten belohnt wird. Doch häufig verzweifeln wir als Hundehalter trotz positiver Verstärkung und das Training will einfach nicht so richtig funktionieren. Nicht immer bewusst und auch ungewollt wird noch das unerwünschte Verhalten belohnt. Deswegen ist das *richtige* Belohnen sehr wichtig. Viele Hundebesitzer nutzen die Belohnung, um ihren Hund anzulocken und nicht, um das erwünschte Verhalten zu bestätigen. Sie bepacken sich mit Keksen, schmieren sich sprichwörtlich mit Leberwurst ein, damit Ihr Hund an Ihren Lippen hängt. Das führt irgendwann dazu, dass Ihr Vierbeiner anfängt, abzuwägen: Haben Sie die Kekse dabei und lohnt sich das Aufpassen oder haben Sie nichts dabei und es macht mehr Spaß, in den Büschen herumzuschnüffeln?

Damit Sie und Ihr Hund für das Training ein echtes Team werden, muss die freiwillige Orientierung Ihres Hundes an erster Stelle stehen. Wie Sie das schaffen, wissen Sie ja schon. Viele Hundeschulen trainieren mit den Hundehaltern die Leinenführigkeit, indem dem Hund ein Keks vor die Nase gehalten wird und er dem Futter folgt. Kaum ist die Leckerei weg, wird wieder an der Leine gezogen. Hier ist die Belohnung also eher ein Hindernis – denn der Hund orientiert sich nur an dem gut riechenden Keks und nicht an dem Menschen, der das

Leckerli in der Hand hält. Ihr Hund läuft ohne sichtbare Belohnung an lockerer Leine? Auch immer noch, wenn der in der Tasche versteckte Keks dann verfüttert wurde? Für viele Hunde bedeutet die Gabe des Futters nämlich: Training ist vorbei. Hier ist das Verhalten dann noch nicht verfestigt, sondern nur ein Kunststück, das der Hund für den Keks ausführt.

Falsch konditioniertes Verhalten

Durch falsch gesetzte Belohnungen kann es sogar passieren, dass sich die dadurch hervorgerufenen Verhaltensketten verfestigen. Manche Hunde zeigen unerwünschtes Verhalten, um nach der Korrektur die Belohnung zu bekommen: Ihr Hund zieht an der Leine, Sie korrigieren, die Leine wird locker, Belohnung geht an den Hund. Wiederholt sich diese Kette häufig, verfestigt sich genau das Verhalten und Ihr Hund wird nicht lernen, dauerhaft an der lockeren Leine zu laufen.

Verschiedene Arten der Belohnung

Das Futter ist wohl die beliebteste Art der Belohnung für Ihren Hund. Dabei müssen es gar nicht besondere oder teure Leckerlis sein. Sie können auch einfach einen Teil der Tagesration des Hundefutters zum Training verwenden. So kann sich Ihr Hund auf den täglichen Spaziergängen sein Futter selbst erarbeiten.

Neben Futter ist auch Ihre Stimme für Ihren Hund eine wunderbare Belohnung. Haben Sie einen Hund, der wie ein Flummi durch die Welt springt, ist eine ruhige und freundliche Stimmlage am besten geeignet. Ist Ihr Vierbeiner eher „Team Schlaftablette", können Sie auch etwas aufgeregter und in der gern verwendeten Babysprache reden, um ihn ein bisschen zu motivieren und aufzuwecken. Viele Hundebesitzer fangen an, Ihren Hund zu streicheln, wenn er etwas richtig gemacht hat. Vor allem am Kopf ist das für die meisten Hunde eher lästig. Achten Sie deswegen hierbei genau auf die Körpersprache Ihres

Vierbeiners. Ist er entspannt und streckt Ihnen seinen Kopf entgegen – oder weicht er eher aus und beschwichtigt vielleicht sogar?

Wenn Sie einen Hund haben, der sich weder von Futter noch von Ihrer Stimme motivieren lässt, haben Sie noch weitere Möglichkeiten und Sie können auf alternative Belohnungen zurückgreifen:

- Ein Lächeln und positive Körpersprache bestätigen Ihren Hund in seinem Verhalten
- Ausgiebiges Kuscheln
- Ein gemeinsamer Abstecher ins Unterholz
- Wettrennen
- Ihren Hund zurück in den Freilauf schicken
- Ihren Hund zurück zu seinen Hundekumpels schicken
- Einem Kaninchenfell hinterherjagen

Sie sehen: Die Möglichkeiten sind genauso vielfältig, wie es auch unsere Hunde sind. Sie selbst wissen am besten, was Ihrem Hund am meisten Spaß macht und die Endorphine freisetzt.

HÄUFIGE FEHLER VERMEIDEN

Wenn Sie in das Hundetraining einsteigen, werden Sie zu Anfang sicherlich einige Fehler machen. Das ist nicht weiter schlimm, wir sind alle nur Menschen. Es gibt aber ganz typische Fehler, die häufig im Hundetraining passieren. Wenn Sie diese nicht angehen, wird das Training keine Früchte tragen.

Kommandos werden ständig wiederholt

Sie rufen Ihren Hund – er kommt nicht. Sie rufen noch einmal, vielleicht waren Sie einfach zu leise, der Wind stand blöd oder Ähnliches – und er kommt schon wieder nicht. Auch beim dritten und zwanzigsten Mal kommt Ihr Vierbeiner Ihnen kein Schritt näher. Vielleicht laufen Sie Ihrem Hund sogar hinterher und rufen dabei immer wieder. Ihr Hund wird das als lustiges Jagdspiel interpretieren, aber nicht als den Versuch, ihn zu sich zu holen. Der Befehl ist abgenutzt. Denn warum sollte Ihr Hund denn beim fünften „Hier" kommen, wenn er die Male davor nicht darauf gehört hat?

Konditionieren Sie in diesem Beispiel den Rückruf besser mit einer Schleppleine, damit Sie Ihren Hund in die richtige Richtung lenken können. Egal, welcher, alle Befehle für Ihren Hund müssen eindeutig sein und mit verschiedenen Schwierigkeitsgraden geübt werden, damit sie überall sitzen.

Falsche Körpersprache

Damit Ihr Hund Sie versteht, muss Ihre Körpersprache zu der Übung passen. Üben Sie zum Beispiel das „Bleib" und jedes Mal, wenn Sie Ihren Hund im „Bleib" belohnen wollen, beugen Sie sich über ihn und tätscheln seinen Kopf – dann kann Ihr Hund das als Bedrohung sehen und nicht als Belohnung. Er wird anfangen, vor Ihnen zurückzuweichen, und damit von selbst den Bleib-Befehl auflösen.

✓ In diesem Beispiel nähern Sie sich Ihrem Hund am besten nicht frontal, sondern leicht seitlich und setzen sich neben ihn, streicheln kurz seine Brust oder geben ihm einen Keks. Darüber wird sich Ihr Hund mehr freuen!

Inkonsequente Hundehalter

Hunde kennen keine Ausnahmen und nutzen jede Lücke, die wir ihnen bieten. Wenn Sie möchten, dass Ihr Hund im Auto so lange sitzen bleibt, bis Sie ihm das Okay zum Aussteigen geben, dann müssen Sie das auch konsequent so durchziehen. Anfangs wird Ihr Hund wahrscheinlich versuchen, sofort aus dem Auto zu springen, wenn der Kofferraum oder die Tür aufgeht. Wenn Sie ihm signalisieren, dass er warten soll, er macht es nicht und Sie lassen ihn laufen – dann kann das Training nicht funktionieren.

✓ Versperren Sie den Ausgang und belohnen Sie das Warten des Hundes damit, dass er aus dem Auto aussteigen darf. Sollte es doch einmal passieren, dass Ihr Hund an Ihnen vorbeispringt, packen Sie ihn einfach wieder ins Auto und fangen von vorne an. Nur so wird Ihr Hund lernen, dass er warten soll – denn wenn er es nicht tut, kommt er nicht von dem Auto weg. Ein „Na gut, dann halt das nächste Mal" gibt es nicht.

Zu große Schritte

Nehmen wir wieder das Beispiel „Bleib“: Sie wollen, dass Ihr Hund so lange im „Sitz“ an einer Stelle verweilt, bis Sie ihm das Go geben, sich wieder frei zu bewegen. Und weil es schon gut klappt, wenn Sie sich zwei Schritte vom Hund entfernen, klappt es doch bestimmt auch mit zwanzig Metern? Wahrscheinlich nicht.

Nehmen Sie sich Zeit und tasten Sie sich in kleinen Schritten immer weiter heran. Mit zu großen Schritten können Sie Ihren Hund schnell überfordern und dann verliert er die Lust daran, mit Ihnen zu arbeiten – denn er versteht gar nicht, was Sie von ihm eigentlich wollen.

Alltagsferne Trainingsatmosphäre

„Bleib“ und Abruf klappen wunderbar, „Sitz“ auf Entfernung läuft ohne Probleme und der Futterdummy wird auch jedes Mal gebracht – im eigenen Garten. Im Park klappt dann gar nichts. Hundetraining ist nicht universell auf alle Orte anwendbar. Sie müssen jeden Befehl an vielen verschiedenen Örtlichkeiten trainieren, denn die Ablenkungen sind vielfältig und Ihr Hund muss sich beim Training voll auf Sie konzentrieren können. Wird er mit neuen Reizen konfrontiert, vergisst er gern alles, was er vorher gelernt hat. Häufig klappt es in der Hundeschule wunderbar, zu Hause aber gar nicht.

Trainieren Sie die wichtigen Befehle nicht nur in ablenkungsarmen Umgebungen. „Sitz“ und „Bleib“ können Sie auch wunderbar in einer Fußgängerzone trainieren, Dummytraining neben einer Pferdekoppel oder Abruf aus dem Spiel mit Artgenossen. Hundehalter müssen kreativ werden, um Ihre Vierbeiner auf jegliche Lebenssituationen vorzubereiten. Ist Ihr Hund zum Beispiel von schnellen Bewegungen und Geräuschen leicht ablenkbar, dann trainieren Sie doch das Fuß-Laufen oder „Sitz“ und „Bleib“ neben einem Spielplatz!

Rückruf zum falschen Zeitpunkt

Aus Sicht unseres Hundes wird immer die letzte ausgeführte Handlung belohnt. Wenn Sie mit ihm also ein „Bleib“ trainieren, dann rufen Sie ihn nicht ab, um ihn dann zu belohnen. Dabei entwickelt Ihr Hund kein entspanntes Abwarten, sondern ein angespanntes Hoffen auf den Abruf, damit endlich der Keks fliegt. Der Frust wird immer größer und das „Bleib“ kein gut sitzender Befehl.

Belohnen Sie Ihren Hund bei diesem Training also immer da, wo er wartet.

Erst Sitz, dann Keks

Viele Hundehalter geben Ihrem Hund nach dem Abruf erst den Sitz-Befehl, bevor die Belohnung folgt. In diesem Moment belohnen Sie aber das „Sitz“ und nicht den Rückruf! Wollen Sie erreichen, dass Ihr Hund erst einmal in Ruhe bei Ihnen bleibt, ist es aber tatsächlich praktisch, wenn er sich erst einmal absetzt.

Dafür rufen Sie Ihren Hund zu sich und ziehen das Leckerli an der Nase des Hundes nach oben, bis er sich setzt. Dann bekommt er den Keks. Sie geben dabei aber nicht den Sitz-Befehl. So können Sie eine Verhaltenskette konditionieren, die mit dem Rückrufsignal aufgebaut wird.

Den Hund niemals hochnehmen

Natürlich hat Ihr Hund Beine und diese soll er auch nutzen. In manchen Situationen ist es aber tatsächlich richtig, Ihren Vierbeiner auf den Arm zu nehmen – wenn es sich nicht gerade um einen Kangal handelt.

Haben Sie einen sehr unsicheren Hund, der zum Beispiel bei Hundebegegnungen oft überfordert ist, können Sie ihn hochheben, um ihn aus der Situation zu holen. Reden Sie dabei aber nicht beruhigend auf ihn ein und fangen Sie nicht an, ihn zu trösten. Das bestätigt Ihren ängstlichen Vierbeiner nur in der Angst. Verlassen Sie die Situation und seien Sie ruhig und gelassen. So zeigen Sie Ihrem Hund, dass Sie ihn verstehen und aus solchen Situationen, die für ihn schwierig sind, befreien können.

Hundebegegnungen an der Leine

Vermeiden Sie es, dass Ihr Hund mit anderen Hunden an der Leine in Kontakt kommt. Denn die Leine schränkt Ihr Tier in seinem Handlungsspektrum ein, wodurch es nicht frei kommunizieren kann. Ihr Hund kann zum Beispiel nicht gut ausweichen, wenn der Kontakt unangenehm wird. Das kann dazu führen, dass er anfängt, nach anderen an der Leine zu schnappen, um sie so von sich fernzuhalten. Mit der Zeit kann sich so eine Leinenaggression entwickeln.

Besser ist es, Hunde nur im Freilauf miteinander agieren zu lassen, und lassen Sie auch nicht Ihren unangeleinten Hund an welche heran, die angeleint sind. Denn ohne Grund sind Hunde meistens nicht an der Leine. Suchen Sie das Gespräch mit dem anderen Hundebesitzer, ob sich beide Hunde ohne Leine kennen lernen dürfen. Wenn nicht – dann nicht!

Leinentraining mit dem jungen Hund

Es zahlt sich aus, schon mit dem jungen Hund an der Leinenführigkeit zu üben. Denn wenn schon ein Welpe versteht, was es bedeutet, mit dem Menschen spazieren zu gehen, wird es auch der erwachsene Hund noch wissen. Vor allem, wenn Sie eine große Hunderasse besitzen, ist es essenziell, so früh wie möglich anzufangen. Früh übt sich: Denn viele Probleme an der Leine liegen im Welpenalter. Ein Baby ist leicht zu händeln und man spürt das Ziehen nicht so sehr an der Leine – wird das Baby aber erwachsen, dann wird das Ziehen an der Leine schnell sehr lästig. Sie können mit den ersten Übungen schon anfangen, wenn Sie Ihren Welpen gerade bekommen haben. Solch ein Training stärkt die Bindung zwischen Ihrem Vierbeiner und Ihnen. Zieht Ihr Welpe stark an der Leine, ist dieses Verhalten meistens bei Ihrem Ende der Leine zu finden. Auch wenn Welpen süß sind und wir sie immer knuddeln wollen, brauchen auch diese kleinen Wesen Konsequenz und Regeln.

GRUNDSÄTZLICHES ÜBER WELPEN

Wenn ein Welpe bei Ihnen einzieht, stellt das Ihr Leben erst einmal ziemlich auf den Kopf. Schließlich ist das Hundebaby wie ein menschliches Kind und braucht in jeder Lebenslage Ihre Unterstützung und Hilfe. Zudem kommt, dass es wahrscheinlich einfacher ist, ein Sack Flöhe zu hüten als einen Welpen auf Entdeckungstour.

Mit all der Liebe und Unterstützung ist es aber nicht getan – Sie müssen Ihren Welpen auch erziehen, damit er in den menschlichen Alltag passt und mit Ihnen entspannt leben kann.

Die wichtigsten Punkte zu Beginn:

- Es ergibt Sinn, so früh wie möglich mit der Erziehung Ihres Welpen zu beginnen – am besten sofort!
- Fangen Sie damit an, Ihrem Welpen seinen Namen beizubringen
- Leinenführigkeit, Stubenreinheit, Grundkommandos und Alleinbleiben bilden die Basis der Erziehung
- Wie auch in der Erziehung eines erwachsenen Hundes haben Härte und Gewalt in der Welpenerziehung keinen Platz
- Der Schlüssel: Regelmäßiges Training und Konsequenz

Je früher Sie mit der Erziehung Ihres Welpen beginnen, desto schneller wird Ihr Welpe auch die gewünschten Verhaltensweisen zeigen. Seien Sie konsequent – denn einem erwachsenen Hund eine angewöhnte Verhaltensweise wieder abzutrainieren, ist sehr viel schwieriger, als es dem Welpen gleich korrekt beizubringen.

Bewahren Sie trotz allem Ruhe: Welpen sind Babys und sie wollen Ihnen nichts Böses. Setzen Sie auf positive Verstärkung und viel Lob. So wird sich Ihr neuer Hund bei Ihnen wohl und sicher fühlen.

Normalerweise sind Welpen keine drei Monate alt, wenn sie bei Ihnen einziehen. Sie sind ein unbeschriebenes Blatt und haben eine große Welt zu entdecken und noch viel zu lernen. Damit Ihr neues Leben zusammen so entspannt wie möglich verläuft, fangen Sie am besten sofort mit dem ersten Schritt an: dem Welpen seinen Namen beibringen.

Den Namen beibringen

Damit es einfacher ist, Ihren Welpen abzurufen und anzusprechen, ist es wichtig, dass er weiß, wer er ist. Beim Training sollten Sie so ungestört wie möglich sein, denn Welpen sind noch einfacher ablenkbar als erwachsene Hunde. Nehmen Sie sich Futter oder Leckerlis zur Hand und sprechen Sie Ihren Welpen mit seinem Namen an. Wenn er reagiert, dann belohnen Sie ihn. Machen Sie diese Übung regelmäßig, aber in kleinen Einheiten. Welpen können sich nicht lange konzentrieren und brauchen viele Pausen.

Stubenrein werden

Welpen verstehen noch nicht, dass sie nicht ins Haus pinkeln dürfen. Woher auch? Aber keine Sorge. Hunde sind sehr reinliche Tiere, die ihr Zuhause gern sauber halten. Trotzdem muss Ihr Welpe erst einmal lernen, dass er sich nur vor der Tür lösen soll.

Eine Faustregel besagt: Ein Welpe kann so lange einhalten, wie viele Monate er alt ist. Haben Sie ihn also ganz frisch geholt, muss er sich alle zwei bis drei Stunden erleichtern.

Am einfachsten ist es, wenn Sie Ihren Welpen nach jedem Nickerchen, nach dem Fressen und nach dem Spielen auf den Arm nehmen und nach draußen auf eine Grünfläche setzen. Etablieren Sie einen festen Platz, an den Sie Ihren Welpen immer setzen. Vergessen Sie nicht, Ihren Welpen immer ausgiebig zu loben, wenn er sein Geschäft draußen verrichtet. Und Unfälle werden passieren! Das gehört dazu. Wischen Sie die Hinterlassenschaften einfach weg und bestrafen Sie Ihren Welpen nicht dafür. Er kann das eh nicht verknüpfen und bekommt nur Angst. Mit Pech sorgen Sie so nur dafür, dass Ihr Welpe weiter ins Haus pieselt, aber an versteckten Ecken, weil er Angst vor den Konsequenzen bekommt.

Die Grundkommandos

Niemand verlangt von Ihrem Welpen, dass er nach ein paar Monaten schon ein riesiges Portfolio an verschiedenen Tricks beherrscht – eine grundlegende Erziehung ist aber dennoch das A und O eines ordentlichen Zusammenlebens ohne Streit. Vor allem der Rückruf, „Bleib“, „Sitz“ und „Aus“ sind wichtig für ein gutes und sicheres Leben Ihres Hundes. Üben Sie diese Kommandos gleich von Anfang an und immer wieder, damit sich die Befehle einprägen. Der Besuch einer Hundeschule ist auf jeden Fall förderlich. Hier findet nicht nur das Training statt, sondern auch kontrolliertes Spiel. Damit trainieren Sie die Erziehung und gleichzeitig lernt Ihr Welpe den richtigen Umgang mit Artgenossen kennen.

Das Alleinbleiben

Für jeden Hund die Königsdisziplin – schließlich besagt die Natur des Hundes, dass das Rudel zusammenbleiben muss. Es ist für jeden Hund also eine große Herausforderung, wenn seine Menschen das Haus verlassen. Im Alltag ist das aber nicht zu vermeiden. Kümmern Sie sich also am besten nach einer kurzen Eingewöhnungsphase schnell um das Training zum Alleinbleiben. So wird sich Ihr Hund daran am besten gewöhnen und er wird verstehen, dass Sie immer wieder zurück nach Hause kommen.

Neben diesen Punkten ist es auch wichtig, dass Ihr Welpe schon früh lernt, wie man sich als Hund an der Leine verhält. Mit Glück hat der Züchter bereits vorgearbeitet und das Prinzip Leine ist Ihrem Welpen nicht fremd. Aber wenn Sie beispielsweise einen Welpen aus dem Tierschutz zu sich holen, der bis jetzt nur den Betonzwinger kannte, dann müssen Sie bei null starten. Aber das ist gar nicht so schwer – mit den richtigen Übungen wird jeder Welpe zum Meister an der Leine.

LEINENTRAINING IM SICHEREN ZUHAUSE STARTEN

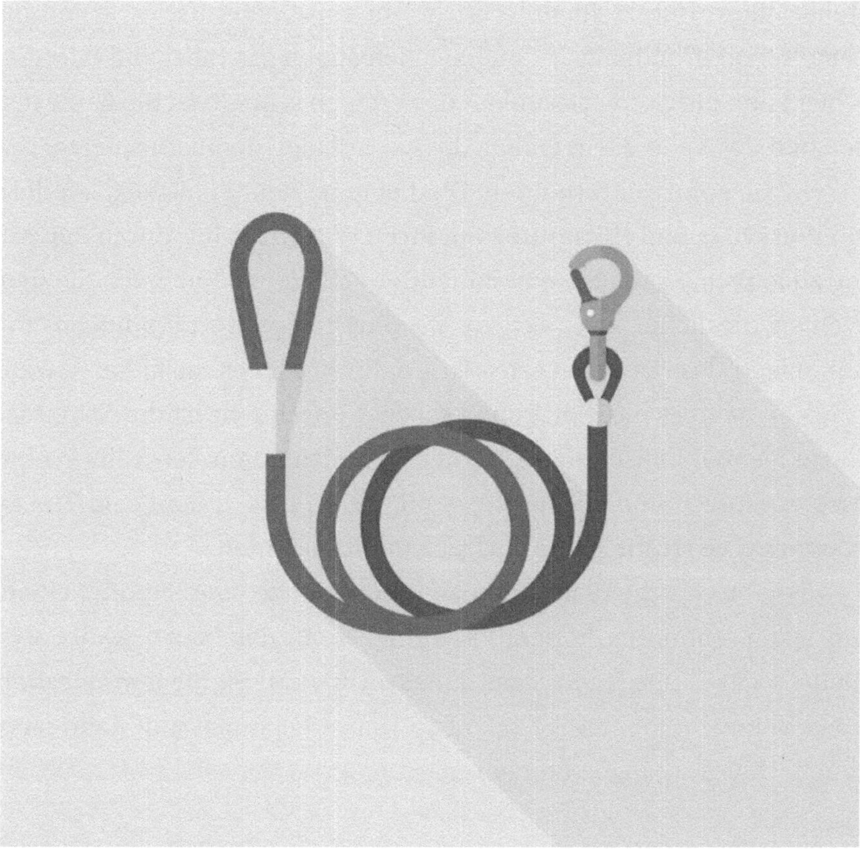

Bevor Sie mit dem Training richtig beginnen, lassen Sie Ihren Welpen am besten im Garten ordentlich toben, damit er die erste Aufregung schon einmal wegrennen konnte. Haben Sie keinen Garten, tut es auch eine Wiese ohne große Ablenkung. Am besten führen Sie die folgenden Übungen auch in einer für den Welpen bekannten Umgebung aus, damit der kleine Hund nicht zu schnell von neuen Gerüchen und Geräuschen abgelenkt ist. Legen Sie Ihm jetzt das Halsband und das Geschirr um. Warum beides? Sie können sich so selbst einen Ausweg schaffen. Denn nicht bei jedem Spaziergang haben wir Lust und Zeit, um uns mit dem Training zu beschäftigen. Bringen Sie Ihrem Welpen bei: Am Halsband wird gearbeitet, am Geschirr darfst du stromern. So können Sie klar Training zwischen Freizeit unterscheiden. Hunde verstehen diese Unterschiede schnell. Am einfachsten ist es, wenn die Leine schon dran hängt – denn das Befestigen am Halsband oder Geschirr kann die Aufmerksamkeit des Welpen schnell auf die Leine lenken und das kann darin enden, dass er anfängt, damit zu spielen. Das sollten Sie sofort unterbinden. Die Leine ist kein Spielzeug, sondern ein Werkzeug und Hilfsmittel, um Ihren Welpen sicher durch den Alltag zu lenken. Sagen Sie ein eindeutiges „Nein" und nehmen Sie dem Welpen die Leine weg. Zeigen Sie durch Ihre Körpersprache und Stimmlage, dass es Ihnen ernst ist – dafür brauchen Sie keine Gewalt.

Man kann es nicht oft genug sagen: Konsequenz ist der Schlüssel. Wenn Sie mal konsequent sind und mal nicht, dann lernt Ihr Welpe, dass er einfach nur hartnäckig genug sein muss, um an sein Ziel zu kommen: Die straffe Leine darf sich niemals lohnen.

Es gibt verschiedene Übungen und Ansätze, wie Sie die Leinenführigkeit trainieren können. Das Rucken an der Leine gehört aber niemals dazu. Der Hund lernt dabei nichts und es tut ihm nur weh. Viele Übungen können Sie schon zu Hause beginnen und dann langsam bei Spaziergängen etablieren.

Die „Neben mir ist es am schönsten"-Methode

Diese Methode macht großen Spaß und wenn Ihr Timing passt, dann bleibt die Leine hierbei immer locker. Nehmen Sie dafür gute Leckerlis zur Hand, für die Ihr Welpe alles tun würde. Ihr Welpe kommt an eine zwei Meter lange Leine.

Legen Sie das erste Leckerli auf den Boden und zeigen Sie es Ihrem Welpen. Während er es aufnimmt, gehen Sie so weit vorwärts, wie die Leine es zulässt. Kommt Ihr Welpe nun auf Sie zu, loben Sie ihn, wenn er neben Ihnen steht, und legen einen Keks direkt zu Ihren Füßen. Gehen Sie wieder ein paar Schritte weiter, während Ihr Welpe frisst. Das wiederholen Sie so lange, bis Ihr Welpe gar nicht mehr vorlaufen möchte – denn bei Ihnen gibt es ja die leckeren Kekse. Ist Ihr Welpe so weit, gehen Sie mit Ihrem Welpen zusammen ein bis zwei Schritte, bevor Sie ihm den Keks hinlegen. Steigern Sie langsam die Schritte, die Sie mit Ihrem Welpen zusammen gehen. Steigern Sie auch die Schwierigkeit der Umgebung. Wird es für Ihren Welpen schwieriger, die Aufmerksamkeit bei Ihnen zu lassen, belohnen Sie wieder kleinschrittiger.

Die Baum-Methode

Mit dieser Übung trainieren Sie den Leitsatz: Die straffe Leine darf sich niemals lohnen. Wenn der Welpe an der Leine zieht, werden Sie buchstäblich zu einem Baum. Sie rühren sich also nicht mehr und warten geduldig. Sie locken Ihren Welpen nicht, Sie schimpfen ihn nicht aus, Sie werden auch nicht sauer oder zerren an der Leine. Sie warten einfach ab. Im Welpenkopf fängt es nun an, zu rattern: Warum geht es nicht weiter? Irgendwann wird er die Leine locker lassen und Ihren Blick suchen. Loben Sie dieses Verhalten und gehen Sie dann weiter. Belohnen Sie die ersten Schritte auch – insofern diese an lockerer Leine stattfinden.

Die Buch-Methode

So können Sie das Welpentraining mit etwas anderem Spaßigen verbinden: dem Lesen. Nehmen Sie sich ein Buch mit auf den Spaziergang. Jedes Mal, wenn Ihr Welpe an der Leine zieht, bleiben Sie stehen und lesen eine Seite. Ist die Leine danach locker, gehen Sie weiter. Ist sie noch nicht locker, lesen Sie einfach noch eine Seite. Wetten, Ihr Welpe läuft immer an der lockeren Leine, sobald Sie mit dem Buch fertig sind?

Die Richtung wechseln

Diese Methode hilft nicht bei Welpen, die einfach aus Lust und Laune ziehen, sondern mit einem Ziel in die Leine gehen. Das Prinzip dahinter ist sehr einfach: Jedes Mal, wenn Ihr Welpe sich in die Leine hängt, drehen Sie um und gehen woanders lang. Laufen Sie einen Bogen und gehen Sie dann wieder in die ursprüngliche Richtung. Fängt Ihr Welpe wieder an, zu ziehen, drehen Sie wieder um. So wird jedes Mal die Entfernung zum begehrten Ziel größer, wenn sich die Leine straff zieht. Bleibt die Leine locker, kommt das Ziel in großen Schritten näher.

Achten Sie sehr genau darauf, dass Sie nicht an der Leine rucken, wenn Sie die Richtung wechseln. Sie sollen Ihren Welpen nicht durch den Park zerren – er soll aber merken, dass das Ziel sich entfernt, wenn er an der Leine zieht.

Selbst an der Leine ziehen

Mit dieser Übung kann Ihr Welpe lernen, aktiv für eine lockere Leine zu sorgen. Schnuppert Ihr Welpe irgendwo, ziehen Sie die Leine vorsichtig immer straffer – aber auch hier: ohne Rucken. Halten Sie die Leine so straff, dass Ihr Hund Mühe hat, an der Stelle weiter zu schnuppern. Geht er von sich aus ein Stück zurück, um die Spannung aus der Leine zu nehmen, belohnen Sie ihn und lassen ihn dann in Ruhe weiter schnuppern. Wenn Sie diese Übung immer wieder trainieren, dann wird Ihr Welpe schnell verstehen: Wenn ich einmal zu weit nach vorne presche, dann lohnt es sich, die Leine wieder locker zu lassen.

DIE PRINZIPIEN VON DRUCK KENNEN LERNEN

Ziehen Sie beim Training mit Ihrem Welpen nicht an der Leine. Ihr Welpe wird wahrscheinlich dagegenhalten, denn er will ja schließlich in die andere Richtung. Locken Sie ihn lieber mit einem Leckerli oder einem Spielzeug zu sich. Belohnen Sie ihn dann, wenn er bei Ihnen ist und die Leine nicht mehr auf Spannung ist. Laufen Sie immer in kleinen Distanzen und belohnen Sie Ihren Welpen, wenn er an der lockeren Leine geht. Geben Sie Ihrem jungen Hund Zeit, sich an die neue Situation zu gewöhnen – vielleicht setzt er sich mal ab oder bleibt stehen. Das ist kein Problem! Locken Sie Ihren Hund und gehen Sie noch ein Stück. Wenn Sie merken, dass Ihr Welpe müde wird, sollten Sie aufhören. Am besten mit einem Erfolgserlebnis. So bleibt die Motivation des Hundes erhalten.

Beginnen Sie am besten mit ein paar Minuten und dehnen Sie Ihre Trainingsspaziergänge immer weiter aus. Versuchen Sie dabei nicht, dass Ziehen Ihres Welpen zu ermutigen. Das ist natürlich einfacher gesagt als getan. Häufig belohnen wir ganz unbewusst das Ziehen an der Leine – zum Beispiel, wenn Sie Ihren Welpen mit der Leine spielen lassen oder sich von ihm irgendwohin zerren lassen.

Bei der Leinenführung gilt vor allem der Leitsatz:
Führe deinen Hund niemals an der Leine.

Die Leine wird häufig als der verlangerte Arm des Menschen beschrieben. Viele nehmen das leider noch wörtlich und ziehen Ihren Hund an der Leine durch die Welt. Doch die richtige Leinenführung hat nichts mit Druck oder Kraft zu tun. Wenn Sie Druck auf Ihren Hund ausüben, dann erzeugt das nur Gegendruck. Es entsteht eine Art Tauziehen zwischen Ihnen und Ihrem Hund und Sie enden in einem Teufelskreis aus Gezerre.

Geben Sie keine Emotionen über die Leine an Ihren Hund weiter. Ja, es ist nervig, wenn Ihr Welpe zum hundertsten Mal an einer Pusteblume schnuppert. Ihn mit einem Ruck davon wegzuziehen, bringt allerdings relativ wenig – Sie lassen damit nur Ihren Frust an Ihrem Tier aus. Wenn Sie Ihren Hund an der Leine führen, wird die Leine niemals aktiv eingesetzt, weder zum Lenken noch zum Korrigieren. Die Leine ist vielmehr ein An-die-Hand-Nehmen Ihres Hundes.

Deswegen ist es wichtig, dass Sie für Ihren Welpen eine Führungspersönlichkeit werden. Denn nur, wenn Ihr Welpe sich an Ihnen klar orientieren kann und er bei Ihnen Sicherheit finden kann, wird er nicht versuchen, Ihre Position einzunehmen. Ihre Aufgabe als Leiter Ihres Hund-Mensch-Teams ist es, bei Unsicherheiten für klare und gute Lösungen zu sorgen. Sie kennen sich am besten in der Welt der Menschen aus und wissen, wie sie funktioniert. Sie sollen Ihrem Hund eine Orientierung bieten, denn er kennt sich nicht in der Welt aus, in der er nun lebt.

Wenn Sie nun Ihren Frust an der Leine auslassen, an ihr zerren und Ihren Hund am besten auch noch beschimpfen, dann haben Sie keinen Trainingserfolg erzielt. Vielmehr haben Sie Ihren Hund einfach nur verunsichert.

Begegnen Sie der Leinenführung also mit einer entspannten Grundhaltung. Jedes neue Verhalten Ihrerseits hat einen Einfluss auf die Leinenführung Ihres Welpen. Diese Aufgabe können Sie nur im Team lösen. Kommen Sie raus aus dem Teufelskreis aus Zerren und Ziehen und versuchen Sie es mit einem Neustart und Veränderung. In der Praxis bedeutet das, dass Sie die oben aufgeführten Übungen trainieren und Ihrem Hund damit eine Orientierung bieten – kein hektisches Ziehen, sondern Ihre Einladung an Ihren Welpen, sich kurz zu sammeln und den Ankerpunkt Mensch wiederzufinden.

Bei der Leinenführung muss sich Ihr Welpe ganz auf Sie verlassen können. Seine Kommunikation mit Artgenossen ist angeleint stark eingeschränkt. Ihr Hund muss sich also auf Ihre Kompetenz verlassen können, auch Situationen mit anderen Hunden regeln zu können. Dazu gehören:

- Lassen Sie Ihren Hund nicht an andere angeleinte Hunde
- Lassen Sie aber auch andere Hunde nicht an Ihren angeleinten Hund heran
- Führen Sie Ihren Hund auf der abgewandten Seite – seien Sie also immer zwischen Ihrem Hund und den anderen
- Ist Ihrem Welpen ein sich nähernder Artgenosse unheimlich? Stellen Sie sich vor Ihren Hund. Damit zeigen Sie: Ich regle das.

Übung: Verstecken und Suchen

Mit einer einfachen Übung können Sie Ihrem Welpen zeigen, dass es sich lohnt, Sie im Blick zu behalten und in der Nähe zu bleiben – und das Ganze, ohne dass Ihr Welpe Angst haben muss, Sie zu verlieren.

Versteckenspielen macht vielen Hunden großen Spaß. Denn Stöbern, Schnuppern und Suchen gehören zu ihren größten Hobbys. Damit haben Sie nicht nur Spaß mit Ihrem Welpen – es fördert auch die Bindung zwischen Ihnen und Ihrem Welpen. Denn Ihr junger Hund wird dadurch lernen, dass es großen Spaß macht, in Ihrer Nähe zu sein, und es sich lohnt, diese auch aktiv aufzusuchen.

Für das Versteckspiel gibt es zwei verschiedene Möglichkeiten, die erste können Sie ganz einfach in Ihrer Wohnung versuchen. Sie können sich hinter Zimmertüren oder Vorhängen verstecken, unter einer Decke oder hinter einer Kommode. Rufen Sie Ihren Welpen dann in den Raum, in dem Sie sind, und verhalten Sie sich in Ihrem Versteck mucksmäuschenstill. Wahrscheinlich wird Ihr Welpe eher mit den Augen suchen und nicht unbedingt mit der Nase – das ist aber gar nicht schlimm. Wenn Ihr Welpe Sie gefunden hat, dann machen Sie mit ihm ordentlich Party. Sollte Ihr Hundebaby Sie aus irgendeinem Grund nicht finden und langsam nervös werden, lösen Sie das Spiel auf und freuen Sie sich mit ihm zusammen über das Wiedersehen. Sonst könnte das Versteckspiel negativ verknüpft werden.

Genau so können Sie auch draußen mit Ihrem Welpen Verstecken spielen. Dafür brauchen Sie aber eine helfende Hand. Schnappen Sie sich also einen Freund oder Ihren Partner und gehen Sie zusammen mit Ihrem Welpen in den Park oder in den Wald – am besten da, wo Sie einigermaßen unter sich sind.

Übergeben Sie Ihren Welpen an Ihre Begleitperson. Die hält Ihren Hund fest. Währenddessen verstecken Sie sich in einem Feld, hinter einem Baum oder auch nur hinter der nächsten Kurve. Jetzt rufen Sie Ihren Welpen und Ihr Begleiter lässt ihn laufen.

So können Sie trainieren, dass Ihr Welpe auch in einer aufregenden Umwelt Ihre Nähe sucht und den Kontakt zu Ihnen hält. Feiern Sie Ihr Wiedersehen wieder mit einer ordentlichen Party und spielen Sie vielleicht noch einen Moment mit Ihrem Welpen. Hat Ihr Hund Freude an dieser Übung, können Sie sie immer wieder in Ihren Alltag integrieren. Einige junge und auch ältere Hunde stresst solch eine Übung aber mehr, als dass es die Prägung verbessert – achten Sie also ganz sensibel auf die Reaktionen Ihres Hundes.

Aufhören mit der Übung sollten Sie, wenn ...

- ... Ihr Hund anfängt, zu weinen und zu bellen, sobald Sie sich entfernen.
- ... Ihr Hund Sie nicht sucht, sondern nur blind umherrennt und immer nervöser wird.
- ... Ihr Hund gar keinen Antrieb hat, Sie zu suchen.

AUGENKONTAKT AUFNEHMEN

Das Ziehen und Zerren an der Leine ist weder für Sie noch für Ihren Welpen ein Spaß. Für beide ist es nur lästig und nervenaufreibend. Wie Sie schon wissen, kommt ein Hund aber nicht von selbst darauf, einfach nicht mehr zu ziehen. Denn der Hund möchte zu dem Ziel, dass er anvisiert. Ihr Welpe denkt sich wahrscheinlich eher: „Puh, ganz schön anstrengend, ich muss mich noch mehr ins Zeug legen."

Das oberste Gebot des Trainings ist es also erst einmal, die Aufmerksamkeit Ihres Welpen von dem anvisierten Ziel ab und zu Ihnen hin zu bewegen. Leckere Kekse helfen Ihnen dabei. Damit Ihr Welpe Leckerlis bekommt, muss er Sie angucken. Jeder Blickkontakt wird belohnt. Das wird Ihr Welpe ziemlich schnell raushaben. Gehen Sie rückwärts. Wenn Ihr Welpe Ihnen folgt und den Blickkontakt hält, bestätigen Sie dieses Verhalten mit einem Keks. Hat Ihr Welpe gelernt, Ihnen rückwärtsgehend zu folgen und den Blickkontakt zu halten, kann der nächste Schritt folgen: Sie gehen erst rückwärts, drehen sich dann aber um 180 Grad, sodass Ihr Hund neben Ihnen läuft. Der Blickkontakt zu Ihnen wird weiterhin mit Keksen belohnt. Schon geht Ihr Welpe ein perfektes „Bei Fuß"! Das ist natürlich nur der Anfang und wird wahrscheinlich auch nur ein paar Schritte funktionieren. Aber das ist gar nicht schlimm – denn das Prinzip hat Ihr Welpe damit schon verstanden. Dieses Bei-Fuß-Laufen aus dem Bilderbuch wird in immer größeren Distanzen funktionieren und ganz zu Anfang steht der Blickkontakt.

Warum ist der Blickkontakt so wichtig?

Ihr Hund ist in diesem Moment ganz bei Ihnen. Seine Aufmerksamkeit ist auf Sie gerichtet und nicht auf die Enten im Teich oder das Gänseblümchen am Wegesrand. Schon Welpen lesen aus dem menschlichen Gesicht viele Informationen ab – bei Blickkontakt steht also die Verbindung zwischen Ihnen und Ihrem Hund und er kann von Ihrem Gesicht Informationen lesen. Wenn Sie den Blickkontakt trainieren und in Ihre Kommunikation mit Ihrem Welpen bewusst aufnehmen, wird er dasselbe tun. Zum Beispiel wird er immer wieder Ihren Blick suchen, um ein Verhalten abzufragen. Belohnen Sie diese Geste auf jeden Fall: Wollen Sie zum Beispiel, dass Ihr Welpe einfach neben Ihnen sitzt und eine Situation abwartet, und er guckt Sie dabei einige Male an, loben Sie ihn und bestätigen seine Frage, ob er alles richtig macht.

Ein weiterer Vorteil des Blickkontakts ist, dass Ihr Welpe lernt, sich auf eine Sache zu konzentrieren und nicht in einer Sekunde den Schmetterling zu fixieren und in der nächsten den Pudel von nebenan. Er ist ganz bei der Sache – und das über einen längeren Zeitraum hinweg. Wenn Sie diesen Blickkontakt mit einem Befehl verknüpfen, dann können Sie in alltäglichen Situationen die Aufmerksamkeit Ihres Hundes auf sich lenken und ihn so von anderen Dingen ablenken. So stärken Sie letztendlich auch die Beziehung zwischen Ihnen und Ihrem Hund.

Warum muss man den Blickkontakt trainieren?

Vielleicht sind Sie ein bisschen verwirrt, warum man so etwas wie Blickkontakt überhaupt trainieren muss. Denn der Blickkontakt ist etwas ganz Natürliches, was von uns Menschen, aber auch von Hunden initiiert wird. Und das stimmt. Aber in gewissen Situationen wollen Sie es sicher nicht dem Zufall überlassen, ob Ihr Welpe nun Ihren Blick sucht oder nicht. Deswegen ist es wichtig, den Blick zu Ihnen zu konditionieren und zu trainieren.

Blickkontakt mit oder ohne Kommando?

Ob Sie den Blickkontakt mit einem Kommando trainieren oder nicht, liegt erst einmal ganz bei Ihnen. Lernt Ihr Welpe kein Kommando zu dem Verhalten, hat das den Vorteil, dass er eher von sich aus mit Blicken fragt, ob er etwas darf oder nicht. Dafür ist natürlich erst einmal die Voraussetzung wichtig, dass Ihr Welpe lernt, bei welchen Dingen er nach Erlaubnis fragen muss – also bei Verhalten, die nicht von Grund auf verboten sind, aber auch nicht eindeutig erlaubt. Wenn Sie zum Beispiel nicht wollen, dass Ihr Welpe von selbst auf das Sofa springt, und er dafür Ihre Freigabe braucht, ist ein selbst gewählter Blickkontakt als Nachfrage von Vorteil.

Mit Kommando können Sie die Aufmerksamkeit Ihres Hundes einfordern, wie in Situationen, die für Ihren Hund überfordernd sind und bei denen Sie möchten, dass der Fokus bei Ihnen liegt. Wenn Ihnen zum Beispiel drei Hunde am Fahrrad entgegenkommen und dazu noch ein Kind auf einem Roller, weiß Ihr Hund vielleicht gar nicht mehr, wohin mit sich, wechselt die Seite, hängt sich in die Leine und wird nervös oder aufgeregt. Mit einem Kommando zum Blickkontakt können Sie Ihrem Hund in solchen Situationen schnell helfen, den Fokus zu finden und zur Ruhe zu kommen.

So bauen Sie den Blickkontakt langsam auf

Mit einfachen Schritten und einer Übung für Zuhause können Sie mit Ihrem Welpen leicht den Befehl „Schau“ aufbauen.

- Nehmen Sie sich sehr gute Leckerlis zur Hand – gekochtes Huhn oder Käse zum Beispiel – je nachdem, was Ihr Welpe unwiderstehlich findet.
- Zeigen Sie diese Leckerlis Ihrem Welpen kurz und verstecken Sie dann in beiden zu Fäusten geballten Händen die Belohnungen.
- Strecken Sie die Arme seitlich vom Körper ab und verhalten Sie sich ruhig.
- Im Welpenkopf fängt es jetzt an, zu arbeiten: Wie komme ich an die Kekse? Sie warten einfach, bis Ihr Welpe Blickkontakt zu Ihnen aufnimmt.
- Diesen Moment belohnen Sie sofort und es kommt ein Leckerli aus einer der Hände.
- Wiederholen Sie diese Übung immer wieder und geben Sie mal aus der linken und mal aus der rechten Hand eine Belohnung.
- Wenn Ihr Welpe schon von selbst den Blickkontakt aufnimmt, kommentieren Sie diesen mit einem „Schau“, dem Lob und einem Keks.
- Zögern Sie die Belohnung immer weiter hinaus, damit Ihr Welpe lernt, den Blickkontakt über einen längeren Zeitraum zu halten.

Sie können die Übungen variieren, wenn Ihr Welpe den Trick mit den Händen verstanden hat. Verstecken Sie es mal unter Ihrem Fuß, auf einem Tisch oder geben Sie es einer anderen Person. Jedes Mal, wenn der Blickkontakt kommt, wird der Befehl „Schau“ ausgesprochen und das Leckerli wird gegeben. Mit dieser gut zu variierenden Übung bauen Sie ein solides „Schau“ auf, das auch in der Leinenführung von großem Vorteil sein kann.

AUFMERKSAMKEIT AN DER LEINE UND OHNE LEINE

Als Hundebesitzer träumen Sie wahrscheinlich von einer Sache: mit ihrem Hund über eine unsichtbare Leine verbunden zu sein. Dafür ist es aber unabdingbar, dass Sie eine starke und vertraute Bindung aufbauen – schon zu Ihrem jungen Hund. So können Sie die Regeln der Leinenführung und Ihre Befehle auch dann anwenden, wenn Ihr Hund im Freilauf ist. Die Vorteile dieser „unsichtbaren Leine" sind:

- Mehr Freiheiten für Ihren Hund
- Ein entspanntes Miteinander
- Eine vertrauensvolle Kommunikation

Die gute Bindung zu Ihrem Hund macht sich dadurch bemerkbar, dass Ihr Hund im heimischen Wohnzimmer kooperiert, aber auch im Park, Wald oder Feld. Ohne viele Kommandos oder Worte gehen Sie respektvoll miteinander um. Bis Ihr Welpe vier Monate alt ist, sind Sie von sich aus für Ihren Welpen schon interessant und spannend. Der Aufbau einer sehr innigen Bindung ist in dieser Phase seines Lebens also noch nicht unbedingt möglich. In dieser Zeit liegt der Fokus Ihres Welpen darauf, nicht allein zu sein. Er folgt Ihnen also sowieso auf Schritt und Tritt und bleibt in Sichtweite. Ab der 14. Lebenswoche beginnt die Fremdelphase Ihres Welpen. Von jetzt an sind nicht mehr alle Menschen für den Hund spannend und er fängt an, sich an ganz bestimmte Menschen zu binden, und die Bindungsarbeit kann beginnen.

Typische Fehler in der Bindungsarbeit

Es gibt sechs Fehler, die Hundehalter gern in der Bindungsarbeit begehen.

1. Fehler: Sie haben zu hohe Erwartungen

Noch bevor Sie Ihren Welpen abholen, haben Sie sich sicherlich genau vorgestellt, wie das Leben mit Hund wird. Am besten ohne Leine führbar, mag alle Tiere und Menschen, kommt gern überall mit, hat aber auch keine Probleme, allein zu bleiben ... ein Allroundtalent also. Werden diese Erwartungen dann von dem Tier nicht erfüllt, sind wir enttäuscht. Vergessen Sie nicht: Hunde sind keine Maschinen. Manche haben Angst vor anderen Artgenossen, vor Gewitter, sie können nicht allein bleiben oder können die Anwesenheit von Kindern nicht ertragen – versuchen Sie, Ihre Erwartungen etwas runterzuschrauben. Jeder Hund ist anders. Passen Sie die Arbeit an Ihr Tier an und nicht an Ihre Vorstellungen. So fühlt sich Ihr Hund abgeholt und verstanden und Ihre Bindung wird stärker.

2. Fehler: Bindung und Training werden gleichgesetzt

Erziehung, Bindung und Training sind verschiedene Dinge. Training bedeutet das Einarbeiten von Kommandos und Verhaltensweisen. Die Erziehung ist wichtiger als das Training, denn Sie regelt den richtigen Umgang miteinander, ohne großartige Kommandos. Es sind sinnvolle Regeln für den Alltag, die Ihr Hund kennenlernt. Eine Bindung entsteht, wenn Sie diese beiden Punkte einschätzbar, ruhig und verständnisvoll rüberbringen – dann wird die Bindung zu Ihrem Hund stärker werden.

3. Fehler: Sie kommunizieren falsch

Auch wenn Sie Ihren Welpen als vollwertiges Familienmitglied sehen und ihn auch so behandeln – er bleibt ein Hund und ist kein Mensch. Und Hunde kommunizieren vor allem über ihre Körpersprache und den Geruchssinn. Menschen kommunizieren vor allem verbal – also über Worte. Wenn Sie mit Ihrem Hund auch eher verbal kommunizieren, führt das häufiger zu Missverständnissen. Diese Missverständnisse sind der perfekte Nährboden für nicht erwünschtes Verhalten Ihres Hundes. Das führt zu Frust auf beiden Seiten und Ihre Bindung zueinander wird sich dadurch verschlechtern. Beobachten Sie daher genau: Können Sie mit Ihrer Art der Kommunikation das Verhalten Ihres Hundes in wenigen Sekunden beeinflussen? Oder dringen Sie nicht zu ihm durch und Sie schaukeln sich nur gegenseitig hoch? Tritt der zweite Fall bei Ihnen ein, dann sprechen Sie und Ihr Hund unterschiedliche Sprachen, was die Bindung negativ beeinflusst.

4. Fehler: Ihr Hund findet bei Ihnen keinen Schutz

Es kann passieren, dass sich Ihr junger Hund in Begegnungen mit Menschen oder Artgenossen nicht wohl fühlt und Sie das nicht mitbekommen. Ihr Welpe wird das mit seiner Körpersprache deutlich zeigen:

- Er zeigt Beschwichtigungssignale
- Er rennt mit eingezogener Rute vor der Situation davon
- Er traut sich nicht näher an das Geschehen heran
- Er versucht, an Ihnen hochzukrabbeln
- Er versteckt sich zwischen Ihren Beinen

Wenn Sie diese Situationen auf Dauer laufen lassen, kann Ihr Welpe anfangen, Abwehrverhalten wie Schnappen oder Bellen zu zeigen. Wenn Sie Ihrem Welpen in solchen Situationen nicht zur Seite stehen, können die Bindung und Ihr Vertrauen zueinander stark leiden. Ihr Welpe muss sich nicht jedem Artgenossen stellen oder sich von allen Menschen anfassen lassen. Wenn Sie merken, dass er von Artgenossen bedrängt wird, schicken Sie die anderen Hunde weg und stellen sich vor Ihren Welpen. Sehen Sie, dass er Angst vor anderen Menschen hat, dann kommunizieren Sie das und entlassen Ihren Welpen aus den Händen der anderen.

5. Fehler: Distanz und Nähe sind einseitig

Wenn immer nur Ihr Hund bestimmt, wann es Nähe und Distanz gibt, dann erschwert dass den Aufbau einer Bindung zu Ihrem Welpen. Genauso sinnlos ist es, Ihren Hund zur Nähe zu zwingen. Achten Sie auf eine gesunde Balance. Ihr Hund soll nicht nur Ihre Nähe suchen, um Futter zu bekommen – sondern der Nähe wegen, also zum Beispiel für ein Spiel zu zweit, Rangeln, Suchspiele. Wenn Sie die Nähe zu Ihrem Hund suchen, dann achten Sie genau auf seine Reaktionen: Schmiegt Ihr Welpe sich an Sie, streckt er Ihnen den Kopf entgegen und rückt er sogar nach, wenn Sie mit dem Streicheln aufhören? Dann genießt er Ihre Nähe. Versucht er, wegzurücken, ist er angespannt und versucht er, Blickkontakt zu vermeiden, dann findet er Ihre Nähe gerade unangenehm. Wenn Sie auf diese Signale und auf „Qualitytime" mit Ihrem Vierbeiner achten, dann wird die Bindung stärker.

6. Fehler: Blickkontakt wird ignoriert

Auch ohne die Übungen im vorigen Kapitel wirft Ihnen Ihr Welpe draußen sicher zwischendurch mal einen Blick zu. Diese Blicke sind Komplimente an Sie! Denn die Aufmerksamkeit Ihres Welpen richtet sich trotz aufregender Außenwelt ganz auf Sie – auch wenn es nur ein Augenblick ist. Häufig werden diese Blicke leider aber ignoriert. Die Folge ist, dass Ihr Welpe sich immer mehr auf sich selbst besinnt und sein eigenes Ding macht – denn er bekommt ja keine Rückmeldung von Ihnen. Belohnen Sie diese Blickkontakte und Ihre Bindung wird sich verbessern.

So bauen Sie die Bindung zu Ihrem jungen Hund auf

Damit die Bindung zu Ihrem Hund fest und stark wird, gibt es drei Bausteine: Vertrauen, ein gegenseitiges Verständnis und eine klare Kommunikation miteinander.

Vertrauen

Unerwünschte Annäherungen und Konfliktsituationen muss Ihr Welpe nicht allein durchstehen. Bei Ihnen findet er Schutz und Sicherheit. Hat Ihr Welpe in einer neuen Umgebung Angst, findet er die Nachbarsdogge doch noch etwas monströs oder Ihr bester Freund ist doch noch etwas zu viel des Guten, dann sein Sie für Ihren Hund da und regeln die Begegnung. Lassen Sie fremde Menschen nicht einfach an Ihren Welpen, schicken Sie Fremdhunde weg und führen Sie Ihren Hund langsam an neue Umgebungen heran und immer nur so weit, wie er es möchte. So kann Ihr Welpe sich sicher sein, dass ihm in Ihrer Anwesenheit nichts passiert.

Klar und verständlich kommunizieren

Wenn Ihr Hund immer wieder ein nicht erwünschtes Verhalten zeigt, obwohl Sie daran trainieren, dann liegt das wahrscheinlich an einem Problem in Ihrer Kommunikation. Sie können nur dann eine enge Bindung zu Ihrem Hund aufbauen und mehr mit ihm zusammenwachsen, wenn Sie sein Verhalten und seine Beweggründe dahinter wirklich verstehen. Warum zerfetzt Ihr Hund wirklich die Sofakissen? Warum pöbelt er wirklich andere Hunde an der Leine an? Allein das Verständnis für solche Situationen hilft noch nicht. Sie müssen mit Ihrem Welpen in diesen Situationen verständlich und klar kommunizieren, damit Sie überhaupt eine Chance haben, sein Verhalten zu beeinflussen. Arbeiten Sie viel mit Ihrem Körper und Ihrer Körpersprache – so versteht Ihr junger Hund sehr viel schneller, was Sie von ihm wollen.

Sich gegenseitig verstehen

Für den Aufbau der Bindung ist die Basis der Wille, das Verhalten und die Persönlichkeit Ihres Welpen besser kennenzulernen und auch verstehen zu wollen. Denn fast nie kriegen wir genau den Hund, den wir wollen: Jeder Welpe ist ein Individuum. Nicht jeder Hund ist von Grund auf gut gelaunt und mutig. Nehmen Sie Rücksicht auf Ihren Hund und seine Bedürfnisse und er wird sich bei Ihnen verstanden fühlen.

Übung: An der Leine im Kreis gehen

Damit sich Ihr Welpe ganz auf Sie konzentrieren kann, üben Sie das Gehen an der Leine am Anfang nicht nur in einer reizarmen und bekannten Umgebung – Sie können auch erst einmal ein bisschen im Kreis laufen.

Klingt vielleicht befremdlich, bringt aber tatsächlich etwas. Denn so kann sich der Welpe ganz auf Sie konzentrieren und die Umgebung ignorieren – die ändert sich schließlich nicht. So können Sie vor allem im Wohnzimmer lange Strecken zurücklegen und müssen nicht immer eine 180-Grad-Drehung aufs Parkett legen. Gleichzeitig kann Ihr Welpe so lernen, immer auf einer Seite zu laufen, auch wenn Sie keine gerade Strecke gehen. Halten Sie den Kreis dabei so groß, dass keiner von Ihnen einen Drehwurm bekommt, aber so klein, dass Sie noch eindeutige Kurven laufen. Belohnen Sie Ihren Welpen, wenn er mit lockerer Leine neben Ihnen läuft und immer wieder Ihren Blick sucht – mit der Aufmerksamkeit also ganz bei Ihnen ist. Durch die Kreisbewegungen wird Ihr Welpe weniger den Sinn darin sehen, Sie zu überholen und vor Ihnen zu laufen, und Sie erreichen damit mehr Erfolgserlebnisse. Wenn Ihr Welpe einige Runden des Kreises gut mitmacht, können Sie den Radius immer mehr erhöhen. So bleibt der Rahmen abgesteckt, das abgelaufene Gebiet wird aber trotzdem immer größer. Dabei können Sie auch das Gebiet immer schwieriger gestalten und von Ihrem Wohnzimmer in den Garten und dann in den Park wechseln – in die große weite Welt.

Übung: Die ersten Schritte draußen

Wenn Sie mit Ihrem Welpen im Garten und in der Wohnung trainiert haben, dann warten draußen viele Abenteuer auf den kleinen Hund. Das kann ganz schön überfordernd sein. Damit Sie und Ihr Welpe die ersten Spaziergänge in der neuen Umgebung gut über die Bühne bringen, übertreiben Sie es nicht. Gehen Sie am besten kurze Strecken, dafür häufiger. Damit Sie den Stress so gering wie möglich halten, gehen Sie die ersten Gänge immer nur ein paar Schritte die Straße hoch und runter – Voraussetzung dafür ist natürlich, dass Sie in diesem Bereich auch geeignete Plätze haben, auf denen sich Ihr Welpe in Ruhe lösen kann. Hat sich Ihr Welpe eingelebt, können Sie zu größeren Abenteuern aufbrechen: Auch hier sollten Sie es nicht übertreiben. Ein Spaziergang mit der Dauer von 20 Minuten reicht vollkommen aus. Diese Zeit ist für Ihren Welpen sehr aufregend, vieles erlebt er zum ersten Mal: Motorräder, Straßenbahnen, umherfliegende Plastiktüten ... Dinge, über die wir gar nicht weiter nachdenken, sind für Welpen Fremdkörper. Halten Sie Ihren Welpen also an Straßen an der kurzen Leine, damit er sich an Ihnen orientieren kann und Sie ihm Sicherheit und auch Führung bieten. Ist Ihr Welpe dann in seinem Revier schon recht sicher und munter unterwegs, können Sie ihn langsam mit Artgenossen und Menschen der Nachbarschaft bekanntmachen. Gehen Sie auch dabei behutsam und langsam vor. Wenn Sie dafür sorgen, dass Ihr Welpe nur positive Erfahrungen mit neuen Bekanntschaften macht, wird er zu einem souveränen Hund heranwachsen. Ihre Aufgabe ist es, Ihren Welpen dabei nicht zu überfordern und seine Begeisterung hochzuhalten. Vergessen Sie dabei nicht: Es gibt keinen Welpenschutz. Gut sozialisierte Hunde werden wissen, wie Sie mit Ihrem Welpen umzugehen haben – ängstliche oder aggressive Hunde nicht, obwohl Sie ein Hundebaby mit großen Augen haben. Lassen Sie Ihren Welpen also nur kontrolliert mit Artgenossen zusammen. So wird er verstehen, dass es draußen tolle und lustige Dinge zu erleben gibt, die Sie zusammen mit ihm meistern.

Wenn der Welpe nicht will

Aber davon müssen einige Hundebabys tatsächlich erst einmal überzeugt werden. Viele Welpen werden von den Eindrücken der Außenwelt geradezu überflutet und kaum verlassen Sie mit dem jungen Hund Ihr Haus, passiert gar nichts mehr. Der Welpe legt sich ab, setzt sich hin und will nicht weiter.

Welpen wissen instinktiv, dass es in ihrem Zuhause am sichersten für sie ist. In der freien Wildbahn würden sie die ersten Monate ihres Lebens die Höhle überhaupt nicht verlassen. Manche Welpen tragen dieses Gen sehr präsent vor sich her und müssen erst einmal davon überzeugt werden, dass es sich tatsächlich lohnt, die Außenwelt zu erkunden. Wenn Sie sich jetzt denken, „Egal, ich hab einen großen Garten, da können wir auch trainieren. Dann verschieben wir das richtige Gassigehen noch ein paar Wochen", machen Sie es sich leider zu einfach, denn so würden Sie die wichtige Sozialisierungsphase Ihres Hundes verpassen. Was Ihr Welpe in den ersten Wochen kennenlernt, wird ihn sein ganzes Leben lang begleiten. Je eher er andere Hunde sieht und hört, aushält, dass Sirenen an ihm vorbeirauschen, und verschiedenste Gerüche erlebt, desto entspannter wird Ihr Welpe als erwachsener Hund in seinem späteren Leben sein.

Bei vielen Welpen reicht es tatsächlich schon, wenn Sie sie einfach die ersten hundert Meter tragen. Bei vielen siegt die Neugier und sie gehen von sich aus schon munter weiter. Andere Exemplare drehen auf dem Absatz um und wollen auf schnellstem Weg zurück.

Entspannt sich Ihr Welpe auch nach 200 Metern Tragen nicht, gehen Sie kleinschrittig vor. Jeder Schritt weg vom Zuhause wird gefeiert wie das größte Happening des Jahres. Jedes andere Verhalten (also sich gegen die Leine stemmen oder wenn Ihr Welpe versucht, zurückzulaufen) wird von Ihnen ignoriert.

- Nehmen Sie Ihren Welpen vor der Haustür auf den Arm und tragen Sie ihn 200 Meter.

• Er wird abgesetzt, darf sich kurz orientieren und dann geht es zu Fuß weiter. Kommt Ihr Welpe mit, gibt es tolle Leckerlis – übertreiben Sie es hier bei besonders unsicheren Exemplaren nicht. Gehen Sie einen oder zwei Schritte und wenn der Welpe folgt, gibt es Kekse.

• Wieder ein paar Schritte gehen und wieder für das Mitkommen belohnen.

• Fängt der Welpe an, unsicherer zu werden, beenden Sie die Trainingssession mit einem Erfolgserlebnis und dann geht es nach Hause.

Wichtig bei diesem Training: Locken oder rufen Sie Ihren Welpen nicht und ziehen Sie auch nicht an der Leine. Warten Sie geduldig, ruhig und entspannt, bis Ihr Welpe mit Ihnen mitläuft. In diesem Moment kommt sofort die Belohnung – am besten, wenn Ihr Welpe noch in der Bewegung ist. Denn sonst kann es passieren, dass der Welpenkopf zu schnell umstellt und er doch wieder nach Hause will und sich umdreht. Dann kommt die Belohnung zu spät oder sie kam noch gar nicht und Ihr Welpe weiß nicht, warum Sie jetzt plötzlich irgendwo im Nirgendwo stehen und nichts passiert. Bleiben Sie dabei – auch wenn es am Anfang kleinlich und lästig erscheint. Nach ungefähr einer Woche sollte Ihr Welpe problemlos mit Ihnen mitgehen und das Leinentraining in der offenen Welt kann beginnen. Warum dieses einfache System funktioniert, lässt sich in drei Punkten einfach zusammenfassen:

1. Es lohnt sich für Ihren Welpen – schließlich gibt es Kekse und Sie freuen sich

2. Der Versuch, nach Hause zu rennen, schlägt fehl und es muss eine Alternative her

3. Ihr Welpe bekommt nur Aufmerksamkeit, wenn er das gewünschte Verhalten zeigt – und diese ist schließlich für Hunde eine der größten Belohnungen

Das unsichtbare Band – die Schleppleine

Die Schleppleine ermöglicht Ihrem Hund eine Menge Freiheit, aber Sie haben trotzdem noch weiter die Möglichkeit, ihm Grenzen zu setzen. So kann Ihr Hund lernen, sich in Ihrer Nähe aufzuhalten und dabei einen bestimmten, nicht zu überschreitenden Radius einzuhalten.

Will Ihr Hund zu einem bestimmten Ziel, kann er das nur erreichen, wenn er mit Ihnen zusammenarbeitet. Nur mit Ihrem Okay und wenn Sie mitkommen, kann er zu zum Beispiel einem anderen Hund gelangen. Sie agieren als Team. Wenn Sie mit jungen Hunden das Schleppleinentraining beginnen, dann können Sie unerwünschtes Verhalten präventiv verhindern – das Jagen zum Beispiel. Bei älteren Hunden können Sie unerwünschtes Verhalten mithilfe der Schleppleine Stück für Stück wieder abtrainieren.

An der langen Leine können Sie gut den Abruf trainieren, Impulskontrolle üben und andere Übungen für die Aufmerksamkeit Ihres Hundes trainieren. Wenn Sie dabei am Ball bleiben, wird Ihr Hund immer mehr von sich aus den Kontakt zu Ihnen suchen – denn nur als Team geht es für ihn weiter. Egal, wie alt Ihr Hund ist: Sein Scheuklappendenken und sein Laufen auf Autopilot werden an der Schleppleine ein Ende haben. Stattdessen haben Sie einen Hund, der Sie in seine Entscheidungen mit einbezieht und gemeinsam mit Ihnen Spaziergänge unternimmt. Und nur so kann ein späterer Freilauf auch problemlos funktionieren. Denn ohne abgesteckte Grenzen werden Sie einen abgeleinten Hund niemals entspannt laufen lassen können. Denn wenn Ihr Hund erst einmal mitbekommen hat, dass Sie nicht viel tun können, wenn er erst einmal Hackengas gibt, dann haben Sie schnell einen Vierbeiner, der im Wald oder Park alleine seine Runden dreht, Ihre Kommandos ignoriert und im schlimmsten Fall Artgenossen oder Wildtiere nervt. Wenn Sie ein Jahr mit Ihrem Hund an der Schleppleine trainieren, dann können Sie ihm danach sein Leben lang Freiheit ermöglichen.

WIESO EINE SCHLEPPLEINE NUTZEN?

Eine lange Leine ist für viele Hunde ein guter Kompromiss und bietet Ihnen viele Möglichkeiten.

Junghunde

Bei Junghunden ist das Training mit der Schleppleine am effektivsten. Denn in der Pubertät hat ein Hund nicht nur Flausen im Kopf, er ist auch voller Energie. Die Hormone spielen verrückt und der Jagdtrieb setzt ein. Er will seine Grenzen testen. Die Schleppleine zeigt ihm genau, wie weit er gehen darf, und unterstützt Sie bei der Durchsetzung Ihrer Kommandos. Sie verhindert auch, dass Ihr Junghund mit frechem Weghören Erfolgserlebnisse hat.

Hunde, die gern auf Durchzug schalten

Wenn Sie langsam nicht mehr weiterwissen, weil Ihr Vierbeiner immer nur sein eigenes Ding macht und nicht auf Ihre Kommandos hört, dann kann die Schleppleine für Sie die einfache Lösung sein. Durch dieses Training haben Sie mehr Kontrolle über Ihren Hund und vermeiden auch hier, dass er durch Nicht-Gehorchen Erfolgserlebnisse hat.

Wahre Jäger

Einige Hunderassen (wie Dackel, Windhunde, Wolfshunde, Deutsch Drahthaar, Viszla, Weimaraner, Münsterländer ...) haben einen ausgeprägten Jagdtrieb – schließlich sind sie für die Jagd geboren! Windhunde jagen gern auf Sicht, Dackel buddeln sich in den Boden, Beagle folgen ihrer Nase ... die Jagdmethoden sind unterschiedlich und doch bedeuten sie alle: Ist die Fährte aufgenommen (wie diese auch immer aussieht), dann sind Sie als Hundehalter abgemeldet und der Hund handelt nur noch nach Instinkt. Das Schleppleinentraining kann dafür sorgen, dass Sie im wahrsten Sinne des Wortes die Verbindung zu Ihrem Hund nicht verlieren. Bei den einschlägigen Rassen ist es am besten, wenn Sie schon so früh wie möglich mit dem Training an der Schleppleine beginnen. Hat Ihr Jäger einmal Beute gemacht, wird es nur noch schwieriger, diesen Trieb wieder aus ihm rauszubekommen – in diesem Fall sollten Sie sich am besten einen Hundetrainer zur Seite nehmen. Bei Junghunden können Sie einfacher gegenlenken.

Bei Leinenpflicht

Viele Bundesländer in Deutschland haben von März bis September die Leinenpflicht für Hunde eingeführt, um die brütenden Vögel und Kleintiere zu schützen. Um Ihrem Hund in der Zeit mehr Radius zu bieten als nur zwei Meter, ist eine Schleppleine ein toller Kompromiss. Er kann sich auslasten und herumtollen und Sie haben trotzdem die Kontrolle über ihn, damit er auf den Wegen bleibt und keine Nester plündert.

WORAUF BEI DER SCHLEPPLEINE ACHTEN?

Überlegen Sie, aus welchem Material Ihre Schleppleine sein sollte. Eine Leine aus Biothane lässt sich gut abwischen und saugt sich nicht voll – ist also auch an schmuddeligen Tagen gut zu händeln. Nylon ist nicht ganz so gut zu trocknen, liegt dafür aber sicherer in der Hand.

Es gibt Schleppleinen in allen möglichen Längen. Für das Rückruftraining reicht eine Leine von fünf Metern eigentlich komplett aus. Länger als zehn Meter sollte sie aber nicht sein. Sonst wird der Umgang mit ihr immer unsicherer und komplizierter. Sollten Sie aber merken, dass Ihr Hund bis zu zehn Meter wunderbar auf Sie hört und ab dem elften Meter plötzlich tut, was er will, dann greifen Sie einfach zur 15-Meter-Leine und überlisten Sie Ihren Hund damit. In diesem

Fall sind längere Leinen natürlich sinnvoll – sonst machen Sie es sich damit selbst zu schwer. Eine Schleppleine sollte immer an einem Geschirr und niemals am Halsband befestigt werden. Denn wenn Ihr Hund ins Rennen kommt und nach zehn Metern plötzlich der Ruck der Schleppleine folgt, ist der Impact sehr groß. Wird der über das Halsband abgeleitet, können Sie Ihren Vierbeiner direkt zum Chiropraktiker bringen – ein Geschirr verteilt die Kraft besser auf den ganzen Oberkörper.

Der Umgang mit der Schleppleine ist Übungssache. Wie Sie sie halten und auf- oder abwickeln, können Sie ganz für sich entscheiden. So wie es für Sie und Ihren Hund am problemlosesten läuft, ist es richtig. Wenn Sie einen Wirbelwind als Hund haben, sollten Sie Handschuhe ausprobieren. Denn eine Schleppleine kann ganz schön schmerzhaft werden, wenn Sie mit ordentlich Tempo durch Ihre Finger gleitet. Wenn Ihr Hund mit einem Artgenossen spielen darf, dann entfernen Sie die Schleppleine im Vorhinein. Die Leine ist eine potenzielle Gefahr für beide Tiere – wenn Sie sich zum Beispiel um die Beine zieht oder sich um den Hals wickelt.

TIPPS FÜR DIE SCHLEPPLEINE

Damit Sie das Training mit der Schleppleine und den Umgang mit ihr gut meistern, sind einige Tipps für Sie sicherlich hilfreich.

1. Tipp: Die Länge der Leine

Je größer Ihr Hund ist, desto kürzer sollte die Schleppleine sein. Denn der Ruck kann bei einer langen Leine viel stärker werden als bei einer kurzen – Ihr Hund kann schließlich mehr Tempo aufbauen. Achten Sie auch auf die Breite der Leine. Bei kleinen Hunden kann sie dünner sein, dann ist die Schleppleine für den Vierbeiner auch nicht so schwer. Bei großen Hunden sollte die Leine dicker sein.

2. Tipp: Grelle Farben

Wenn Ihnen jemand entgegenkommt, sollte von weiter weg schon gesehen werden, dass Sie Ihren Hund an der Schleppleine führen – nicht nur, damit Fremdhunde nicht einfach an Sie herangelassen werden, auch Fahrradfahrer zum Beispiel würden ansonsten vielleicht zwischen Ihnen und Ihrem Hund hindurch wollen, wenn Sie weit genug auseinander sind. Am besten wählen Sie daher Leinen, die eine auffällige Farbe haben. Ein grell leuchtendes Orange oder Pink ist hier besonders gut geeignet. So erkennt jeder auch in der Dämmerung, dass Sie Ihren Hund nicht im Freilauf haben.

3. Tipp: Rutschfeste Handschuhe und Schuhe

Vor allem bei nassem Wetter und wenn Ihr Hund die Schleppleine noch nicht so gut kennt, sollten Sie auch auf Ihren eigenen Schutz achten. Selbst ein Dackel kann an einer zehn Meter langen Leine ganz schöne Kräfte entwickeln, die Sie auf Eis oder in Schlamm leicht zum Schliddern bringen können. Auch wenn Sie einmal im Notfall auf die Schleppleine treten müssen, um Ihren Hund zu stoppen, sind rutschfeste Schuhe die richtige Wahl.

4. Tipp: Suchen Sie sich einen ruhigen Ort

Wenn Sie mit dem Schleppleinentraining beginnen, starten Sie am besten an einem ruhigen Ort, ohne viele Außenreize. Wie schon bei der Leinenführigkeit an der kurzen Leine kann sich Ihr Hund so viel einfacher auf das Training konzentrieren.

5. Tipp: Schleppleinentraining erst NACH der Leinenführigkeit

Sie können mit der Arbeit an der Schleppleine die Leinenführigkeit Ihres Hundes verbessern. Die lange Strippe sollte aber nicht eingesetzt werden, wenn Ihr Hund noch nicht gut an der normalen Leine laufen kann. Haben Sie noch einen Vierbeiner an Ihrer Seite, der liebend gern zieht, das Tempo wechselt, plötzlich lossprintet oder wild um sie herum läuft, haben Sie schnell Brandwunden an den Händen und verheddern Ihre Beine in der Leine.

6. Tipp: Loben ist das A und O

Wie bei anderen Trainingseinheiten ist auch an der Schleppleine das Loben Ihres Hundes das höchste Gebot. Achtet Ihr Hund von selbst auf den Radius der Leine, ist von Ablenkung gut abrufbar und macht die Übungen gut mit, ist das für ihn trotz der langen Leine eine schwierige Aufgabe, die Sie wertschätzen sollten.

7. Tipp: Haben Sie Geduld

Im Hundetraining ist Geduld immer wichtig. Auch beim Schleppleinentraining gilt die Devise: nicht an der Leine rucken. Nutzen Sie die Schleppleine nicht als Strafe und beschimpfen Sie Ihren Hund nicht. Wenn Sie ruhig und konsequent kommunizieren, verhindern Sie, dass Ihr Vierbeiner die Schleppleine negativ verknüpft.

8. Tipp: Nicht an der Schleppleine spielen lassen

Vor allem an der langen Leine ist es wichtig, dass Sie Ihren Hund nicht mit anderen Hunden spielen lassen. Er kann so zwar gut kommunizieren, könnte sich aber verheddern. Wenn auch noch beide Hunde an der Schleppleine sind, kann es schnell chaotisch und gefährlich werden. Suchen Sie lieber einen sicheren Platz aus, an dem beide Hunde im Freilauf miteinander toben können.

9. Tipp: Seien Sie immer achtsam

Passen Sie immer gut auf, wenn Sie die Schleppleine verwenden. Wenn Ihr Hund plötzlich losrennt, kann sich die Leine leicht um Ihre Beine wickeln – oder Ihr Vierbeiner verheddert sich in einem Gebüsch und kommt nicht mehr heraus.

DEN HUND AN DIE SCHLEPPLEINE GEWÖHNEN

Bevor es richtig losgeht, müssen Sie und Ihr Hund sich erst einmal an die Schleppleine gewöhnen. Lassen Sie ihn ausprobieren, wie er sich selbst von Hindernissen wieder los bekommt und dass er zum Beispiel nicht fünfmal um einen Baum rennen sollte. Machen Sie ihm auch unbedingt klar, dass eine Schleppleine genauso wenig ein Spielzeug ist wie eine kurze Leine. Es wird nicht an der Leine gezerrt, herumgekaut oder mit ihr gespielt. Nehmen Sie Ihrem Hund die Leine aus dem Maul, kommentieren Sie das Verhalten mit einem deutlichen „Aus" und verhindern Sie, dass Ihr Hund weiter mit der Leine spielen kann. Sollte er die Leine links liegen lassen und Sie können Ihren Spaziergang normal fortsetzen, belohnen Sie dieses Verhalten sofort.

Die Leine ist eine Verbindung zwischen Ihnen und Ihrem Hund und diese sollte (genauso wenig wie die kurze Leine) nicht auf Spannung kommen. Belohnen Sie, wenn Ihr Hund sich immer mal wieder zu Ihnen umdreht und den Blickkontakt sucht. Rufen Sie Ihrem Hund die Schleppleine immer wieder ins Gedächtnis. Sind die schon etwas weiter fortgeschritten, dann wird die Schleppleine auf dem Boden schleifen und Sie halten sie nicht mehr die ganze Zeit in der Hand. Erinnern Sie Ihren Hund trotzdem immer wieder daran, dass die Leine ihn kontrolliert. Das machen Sie ganz ohne verbale Ankündigung oder sonst eine Bemerkung.

Treten Sie immer mal wieder kurz auf die Leine, damit Ihr Hund einen leichten Ruck spürt. Danach gehen Sie einfach normal weiter, als wäre nichts gewesen. Wichtig dabei ist, dass Sie diese Tritte so unregelmäßig wie möglich halten. Denn Ihr Hund soll nicht wissen: „Noch drei Schritte, dann ruckt es wieder." Vielmehr geht es darum, dass er unerwartet aus seinem Fokus gerissen wird und so immer im Hinterkopf haben soll, dass er jederzeit kontrolliert werden kann. Sie können diese Übung nutzen, wenn Ihr Hund noch sehr dazu neigt, sich mehr auf die Umwelt zu konzentrieren als auf Sie. Müssen Sie aber alle zwei Minuten auf die Leine treten, dann ist Ihr Hund noch nicht fokussiert genug und wohl noch nicht bereit dazu, dass Sie die Leine loslassen.

DER RÜCKRUF UND DIE SCHLEPPLEINE

Der Rückruf ist der wichtigste Befehl für den Freilauf. An der Schleppleine lässt sich der Rückruf perfekt trainieren, denn Ihr Hund hat keine andere Wahl, als zu Ihnen zu kommen.

- Nehmen Sie sich besonders gute Belohnungen mit und rufen Sie auf dem Spaziergang immer mal wieder zwischendurch Ihren Hund ab.

- Reagiert er nicht sofort, bleiben Sie einfach stehen und halten die Leine fest. Ihr Hund kommt nicht weiter und wird grübeln, was er jetzt machen soll. Die Schleppleine lässt nur den Weg zu Ihnen zu.

- Dreht Ihr Hund ab und kommt zu Ihnen, loben Sie ihn und machen sich spannend mit einem kleinen Spiel oder vielen Keksen.

- Wiederholen Sie das immer wieder und steigern Sie die Ablenkungen.

- Haben Sie einen jagenden Hund, dann können Sie Ablenkungen auch künstlich erschaffen. Werfen Sie zum Beispiel einen Tannenzapfen in ein Gebüsch, ohne dass Ihr Hund merkt, dass Sie ihn geworfen haben.

- Reagiert er auf das Rascheln und will zum Reiz, rufen Sie ihn ab. Achten Sie darauf, dass die Leine so kurz ist, dass er das Ziel auf keinen Fall erreichen kann. So wird Ihr Hund mit der Zeit verknüpfen: „Wenn das Signal kommt, lohnt es sich mehr, zu meinem Menschen zu laufen, als dem Ziel hinterher zu hechten – das ist nicht erreichbar.“

Mit der Zeit können Sie die Schleppleine auch mal loslassen. Zur Not können Sie immer noch auf die Leine treten, um als Notbremse Ihren Hund zu stoppen.

DIE SCHLEPPLEINE UND DER JAGDTRIEB

Für das Trainieren am Jagdtrieb sollte Ihr Hund schon wissen, in welchem Radius er sich aufhalten kann. Bauen Sie dann ein Stoppsignal auf, bei dem Ihr Hund auf der Stelle seine Aktion unterbricht und stehen bleibt. Welches Kommando Sie sich hier aussuchen, ist ganz Ihnen überlassen. Es sollte nur leicht und schnell zu rufen sein. Suchen Sie sich nun eine Umgebung, in der Ihr Hund wahrscheinlich nichts zum Jagen findet. Fangen Sie also nicht unbedingt in einem Wald an, in dem Ihr Jäger sofort die Fährte von Rehen in der Nase hat. Lassen Sie Ihren Hund dann an der Schleppleine loslaufen. Rufen Sie ungefähr zwei Schritte vor dem Leinenende Ihr gewähltes Haltekommando. Ihr Hund wird wahrscheinlich weiterlaufen, bis die Leine stoppt. Er kommt nicht weiter und wird irgendwann kehrtmachen und zu Ihnen zurück gehen. Belohnen Sie das sofort.

Wiederholen Sie dieses Prozedere immer wieder – Übung macht den Meister. Irgendwann wird der Moment kommen, an dem Ihr Hund schon vor Ihrem Abbruchsignal stoppt. Dafür bekommt Ihr Vierbeiner eine Jackpot-Belohnung! Für einige Hunde ist das vielleicht ein Stück Thunfisch, für andere leckerer Harzer Käse oder vielleicht Apfel oder Möhre – einfach etwas, was Ihr Hund selten bekommt, aber unwiderstehlich lecker findet. Loben Sie ab jetzt Ihren Hund nur noch, wenn er ohne Signal stehen bleibt.

Bei einigen Hunden geht das Verstehen dieses Signals sehr schnell, bei anderen dauert es über einige Monate. Geduld ist also auch hier mit das Wichtigste. Fangen Sie nun an, das Training in verschiedenen Geländen durchzuführen. Ihr Hund muss schließlich verstehen, das Gelernte in verschiedenen Umgebungen anzuwenden –

auch im Wald, am Ententeich oder am Strand voller Möwen. Die Trainingseinheiten sollten nicht zu lang sein. Für Ihren Hund ist das Unterbrechen von Instinkten Schwerstarbeit. Zwanzig Minuten sind mehr als genug!

Wenn Ihr Jäger auch unter kleiner Ablenkung das gelernte Verhalten durchführt, dann können Sie versuchsweise die Schleppleine mal auf dem Boden schleifen lassen. Eine kleine Ablenkung meint hier zum Beispiel eine Fährte oder ein weit entferntes Flügelschlagen – nicht etwa ein Kaninchen, das Ihren Weg kreuzt. Ihr Hund kann sich nun frei bewegen, spürt aber weiterhin die Schleppleine am Geschirr. Und auch Sie als Besitzer können sich entspannter bewegen und haben dabei das Gefühl von Sicherheit. Wenn Ihr kleiner auch mit schleifender Schleppleine den Radius hält und bei Ablenkungen stoppt und nicht hinrennt, können Sie in gewissen Gebieten, die Sie gut kennen, die Leine phasenweise abnehmen. Am besten nehmen Sie dafür ein übersichtliches, bekanntes Gelände, auf dem es nicht viel Wild gibt. Wenn Sie noch etwas unsicher sind, können Sie Ihrem Hund für solche Übungen auch eine Glocke umhängen. So wissen Sie im Falle des Falles, wo er sich aufhält.

Mit solch einem Training können Sie den Jagdtrieb eines Hundes nicht komplett unterbinden – schließlich ist das ein Instinkt, den Hunde nicht einfach ein- oder ausschalten können. Aber Sie haben die Chance, dass Ihr Hund sich mehr auf Sie konzentriert und zweimal darüber nachdenkt, ob es sich lohnt, dem Reh nachzurennen, oder ob es nicht viel besser ist, einfach bei Ihnen zu bleiben.

NACH DER SCHLEPPLEINE

Natürlich merkt Ihr Hund sofort, ob die Schleppleine am Geschirr hängt oder nicht – auch wenn er viele Freiheiten genießt. Und natürlich weiß er auch ziemlich fix, dass er an der Schleppleine wenige Chancen hat, seinen Willen durchzusetzen. Ohne Leine wiederum geht das ziemlich gut. Einige Hunde haben sich das Verhalten von der Schleppleine aber schon so gut angewöhnt, dass sie sich auch ohne Leine nicht weit von Ihnen entfernen und auf Reize nicht so schnell anspringen.

Andere Exemplare verfallen im Freilauf gern wieder in alte Muster. Um das zu verhindern, können Sie die Schleppleine langsam ausschleifen lassen. So merkt Ihr Hund gar nicht, dass die Leine nicht mehr da ist. Jede Woche schneiden Sie einen halben Meter der Leine ab. Irgendwann hängt nur noch ein kurzes Seil am Geschirr Ihres Hundes und Sie haben ganz unauffällig die Schleppleine zum richtigen Freilauf umgepolt.

Leinentraining mit älteren Hunden

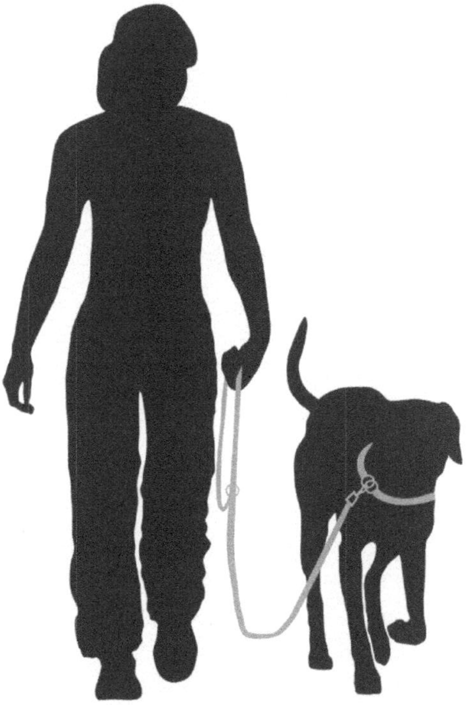

Wenn Sie mit Ihrem Hund spazieren gehen, dann wollen Sie für sich und auch für Ihren Hund eine Auszeit schaffen und Spaß haben. So weit kommt es aber oft gar nicht, denn die Leinenführigkeit ist auch bei älteren Hunden sehr häufig noch ein leidiges Thema. Ob es bisher einfach nicht trainiert wurde oder der ältere Hund vielleicht aus dem Tierschutz kommt und einfach noch nie an einer Leine gelaufen ist – die Gründe sind vielfältig, warum erwachsene Hunde an der Leine ziehen und zerren.

Egal, ob Brunnen, Artgenosse, Baum oder anderer Mensch – Ihr Hund will hin, und das ohne Rücksicht auf Verluste. Wir alle kennen das Bild vom Hund, der keuchend im Halsband hängt und schon nur auf den Hinterbeinen hechtend den Menschen hinter sich herzieht. Das macht ihm sicherlich keinen Spaß und dem Besitzer auch nicht. Und gefährlich kann es unter Umständen auch sein – nicht nur für den Hals des Hundes. Auf nassem Laub oder Eis kann auch ein Dackel oder Zwergpudel Sie schon zu Fall bringen. Es gibt also genügend Gründe, auch bei einem schon ausgewachsenen Hund die Leinenführigkeit zu trainieren. Hierfür brauchen Sie vor allem Geduld und einen Plan.

DAS TRAINING MIT ERWACHSENEN HUNDEN

Haben Sie einen Hund von der Straße oder dem Tierheim, muss dieser im Zweifel erst einmal an Halsband und Geschirr gewöhnt werden. Diese grundlegenden Schritte machen Sie am besten in Zusammenarbeit mit einem professionellen Hundetrainer. Denn häufig haben Hunde aus dem Tierschutz noch ganz andere Probleme, die Sie am besten mit dem Profi angehen.

Wir überspringen diese Punkte einmal und gehen von einem Hund aus, der im Welpenalter nie gelernt hat, an der lockeren Leine zu laufen. Vor allem geht es bei ausgewachsenen Hunden darum, ihnen klarzumachen, dass Sie ihn souverän führen, der Spaß dabei aber nicht auf der Strecke bleibt! Die wichtigste Regel im ganzen Training lautet: Niemals dem Zug auf der Leine nachgeben. Denn so würden Sie das Ziehen an der Leine belohnen. Ihr Hund gelangt ja schließlich durch den Druck an sein Ziel und Sie verstärken das Verhalten so.

Verzichten Sie auf jeden Fall auf eine Flexi-Leine. Die automatisch einziehenden Leinen machen genau das, was Sie verhindern wollen: Der Hund spürt einen permanenten Zug auf der Leine und wenn er selbst kräftig zieht, gibt die Flexi-Leine nach. Außerdem können Sie Ihren Hund mit solch einer Leine nur schwer kontrollieren und auch korrigieren. Nur ein Hund mit viel Routine und einer bombensicheren Leinenführigkeit kann an einer Flexi geführt werden. Für das Training und auch in näherer Zukunft sollten Sie mit einer handelsüblichen, zwei Meter langen und verstellbaren Führungsleine arbeiten.

Das Problem mit dem Anleinen

Häufig haben erwachsene Hunde schon ein Problem mit dem Anleinen. Denn das bedeutet meistens: Der Spaß ist vorbei, ich kann nicht mehr toben und schnuppern, wir laufen jetzt geradewegs nach Hause. Zu Beginn des Trainings drehen Sie diese Erwartungshaltung um. Leinen Sie Ihren Hund an und dann geht die Party erst richtig los. Es wird getobt, gespielt, Kekse fliegen wie wild umher. Leinen Sie Ihren Hund dann wieder ab und lassen Sie ihn kurz sein Ding machen, dann kommt die Leine wieder dran. Und die Party steigt zum zweiten Mal!

Sie sollten dringendst vermeiden, Ihren Hund einfangen und packen zu wollen. Das klappt vielleicht einmal, bei einem langsamen Hund auch zweimal, Ihr Vierbeiner wird das Einfangen aber sehr gruselig finden und seine Wege und Mittel finden, Ihnen auszuweichen. Irgendwann sieht er schon an den kleinsten Bewegungen, dass Sie planen, ihn anzuleinen – und er ist über alle Berge. So wird das Anleinen nur immer schwieriger und Ihr Hund hat nur immer mehr Freude daran, so weit weg wie möglich von Ihnen zu sein. Die Leinenführigkeit und der Abruf leiden darunter. Genauso wenig können Sie Ihren Hund irgendwie austricksen. Sie locken ihn mit Spiel oder Leckerlis in Ihre Nähe und zack ist die Leine dran, ohne dass er was merkt? Das hat er schnell raus. Um das Anleinen zu üben, ist die Party wichtig – hat Ihr Hund wirklich starke Probleme mit dem Anleinen, dann arbeiten Sie erst einmal mit zwei Leinen. Eine dünne Feldleine, die Ihr Hund nicht wirklich mitbekommt, und die kurze Leine, mit der der Spaß an der Leine geübt wird. Natürlich merkt Ihr Hund den Unterschied zwischen echtem Freilauf und der Feldleine – aber die Basics können Sie schon einmal gut vermitteln. Es lohnt sich auf jeden Fall, ein Kommando für das Anleinen einzuführen. So ist Ihr Hund freiwillig an der Aktion beteiligt, muss nicht im Rennen abgefangen oder von seinen Kumpels weggezogen werden. Außerdem verknüpft Ihr Hund damit: Anleinen ist etwas Gutes, dann gibt es eine Belohnung.

- Üben Sie dafür wieder zuerst bei sich zu Hause. Sie brauchen Ihren Hund, eine Handvoll Kekse, Halsband oder Geschirr und Ihre Leine.
- Holen Sie Ihren Hund dicht an sich ran, sagen Sie Ihr Kommando (wie „Leine“ oder „Anziehen“), leinen Sie Ihren Hund an und geben Sie ihm den Keks.
- Wiederholen Sie diese Bewegungen immer wieder und erhöhen immer weiter den Abstand, sodass Ihr Hund aktiv zu Ihnen laufen muss, um angeleint zu werden.
- Klappt das im Wohnzimmer schon gut und Ihr Hund hat Spaß an der Sache, dann verlagern Sie das Training in den Garten oder eine andere sichere Fläche draußen.
- Ändern Sie immer wieder das Gelände und die Umgebung, damit Ihr Hund das Gelernte überall umsetzen kann.

Das Anleinen muss sich für Ihren Hund immer lohnen. Sie dürfen ihn also gern immer dafür belohnen und eine Feier veranstalten. Und wichtig dabei ist: Leinen Sie Ihren Hund nicht nach jedem Rückruf an. So wird der Rückruf schwächer, denn Ihr Hund weiß, was ihn erwartet. Das Anlein-Kommando erspart Ihnen im Alltag häufig den Rückruf.

Die Leinenführigkeit trainieren

Wenn Sie so weit sind, dass Ihr Hund sich gut anleinen lässt, können Sie zur richtigen Leinenführigkeit übergehen. Dafür stellen Sie sich einfach ein Quadrat neben sich vor, in dem der Hund sich aufhalten darf und an dem er in der lockeren Leine läuft. Verlässt Ihr Hund diesen Kasten, weil er zu weit vorläuft, dann geht die Leine auf Spannung und Ihr Hund erfährt die Konsequenz: Es geht nicht weiter. Denn Sie bleiben stehen. Wenn Ihr Hund in der imaginären Box läuft und die Leine locker hängt, belohnen Sie ihn. Anfangs belohnen Sie ihn in kurzen Abständen, damit Ihr Vierbeiner viele Erfolgserlebnisse erfährt. Üben Sie, wie bei einem Welpen, dieses Verhalten erst in einer reizarmen Umgebung. Wenn das gut funktioniert, können Sie die Schwierigkeiten der Umgebung langsam steigern. Gibt es mehr Ablenkung, braucht Ihr Hund auch wieder enger getaktete Belohnungen! Bleibt Ihr Vierbeiner einfach stehen oder geht zurück, bekommt er keine Belohnung. Wenn Ihr Hund es gewohnt ist, an der Leine zu ziehen, wird er es nicht sofort einstellen, wenn Sie anfangen, mit ihm zu üben. Beschränken Sie die Zeit des Trainings auf ein paar Minuten am Stück. Sonst wird Ihr Hund wahrscheinlich schnell überfordert sein. Denn wenn Ihr erwachsener Hund sich ein komplett neues Verhalten aneignen soll, dann erfordert das ein hohes Maß an Konzentration. Ein Trainingsmodus kann Ihrem Hund helfen.

Viele Hunde wissen, dass in der Hundeschule Arbeit ansteht und kein Spaß an erster Stelle steht. Das wissen sie wegen der Umgebung, vielleicht Ihrer Leckerli-Tasche. Zughunde wissen, wann sie ziehen müssen, weil sie ihr Zuggeschirr tragen. Und genauso können Sie auch Ihren Hund konditionieren. Wenn das Leinentraining beginnt, nehmen Sie die Leine ans Halsband. Ist Freizeit, leinen Sie Ihren Hund am Geschirr an. So wird Ihr Leinenzieher schnell verstehen, wann er zu arbeiten hat und wann er machen kann, was er will.

So können Sie beim Gassigehen immer zwischen Freizeit und Arbeit switchen, indem Sie die Leine immer wieder zwischen Geschirr und Leine wechseln. Seien Sie dabei aber konsequent, sonst bleibt die Konditionierung aus. Am Halsband wird gearbeitet, Ziehen hat keinen Erfolg und es gibt auch keinen Kontakt zu Artgenossen, es wird nicht geschnüffelt, markiert oder sich gelöst. So können Sie nicht nur die Leinenführigkeit trainieren – später haben Sie so auch einen wunderbaren Modus geschaffen, um mit Ihrem Hund einfach, schnell und sicher von A nach B zu kommen.

Bei besonderen Spezialisten

Wenn Sie einen Hund haben, der sich nicht durch Futter konditionieren lässt und keinen Sinn darin sieht, für Leckerlis zu machen, was Sie wollen, können Sie aktiv Ihren Körper einsetzen. Aber Vorsicht bei ängstlichen oder aggressiven Hunden, die ein Problem mit Nähe haben und sich vielleicht schnell eingeengt fühlen – ziehen Sie hier lieber einen professionellen Hundetrainer zu Rate.

Bei allen anderen Hunden gilt es, die „Hund nach hinten"-Methode auszuprobieren. Das Prinzip lässt sich ganz einfach erklären: Der Hund darf die Schnauze nicht vor Ihnen haben. Wenn Ihr Hund sich langsam, aber sicher neben Ihnen nach vorne schiebt, schieben Sie ihn körperlich wieder zurück. Dafür haben Sie zwei Möglichkeiten – denn an der Leine zu ziehen, ist tabu:

- Legen Sie Ihre Hand auf den Brustkorb Ihres Hundes (Vorsicht: auf keinen Fall auf den Hals!) und schieben Sie Ihren Hund, ohne etwas zu sagen, ein Stück nach hinten. Dann gehen Sie weiter.

- Sie stellen sich vor Ihren Hund, schneiden ihm also den Weg ab, und gehen ein paar Schritte auf ihn zu – sobald er zurückweicht, setzen Sie Ihren Weg fort.

Gehen Sie dabei ruhig und kontrolliert vor. Ihr Hund sollte sich auf keinen Fall vor Ihnen erschrecken. Er soll keine Strafe erfahren, sondern Grenzen gezeigt bekommen. Bei dieser Methode gibt es keinen positiven Verstärker und auch keine Ausnahmen. Das Leinentraining mit erwachsenen Hunden dauert länger, weil es nicht präventiv arbeitet, sondern ein Hund aktiv ein Verhalten verlernen muss, um ein anderes neu zu lernen. Dabei müssen Sie viel Geduld beweisen und Ihrem Hund zeigen, dass er aufmerksam und kooperativ sein soll.

AUFMERKSAMKEIT UND KOOPERATION

Wenn Ihr Hund lieber seine eigenen Wege geht und schon der Gedanke an Training Sie stresst, dann müssen Sie zuallererst die Basis für ein Hundetraining legen: Der Wille zur Kooperation. Viele erwachsene Hunde finden Ihre Halter langweilig und sehen gar nicht die anfängliche Motivation, mal auszuprobieren, was Sie vorhaben. Viel lieber geht Ihr Hund Löcher buddeln, sich im Unterholz tummeln oder Artgenossen hinterherlaufen. Mit drei Übungen können Sie Ihrem Hund zeigen, dass es sich lohnt, auf Sie zu achten und mit Ihnen zusammenzuarbeiten. Die können Sie ganz einfach in den Alltag einbauen! So schaffen Sie neue Rituale und wie Sie schon wissen: Hunde sind große Fans von Ritualen.

1. Übung: In Ruhe losgehen

Für viele Hunde ist es sinnvoll, wenn Sie vor dem Spaziergang erst einmal ein bisschen runterkommen. Haben Sie auch ein Exemplar zu Hause, das jedes Mal hochdreht, kaum klappert die Leine oder Sie ziehen sich die Schuhe an? So ist es noch schwerer, Ihren Vierbeiner in einen kooperativen Modus zu bekommen. Üben Sie vor jedem Gang, dass er an der Tür geduldig sein muss.

Am besten planen Sie dafür etwas mehr Zeit ein als sonst, denn wenn Sie einmal aus Hektik den Hund doch aufgeregt loslaufen lassen, kann der ganze bisherige Trainingserfolg wieder weg sein.

Verhalten Sie sich ruhig und entspannt, um die Grundstimmung festzulegen. Kein aufgeregtes „Willst du rausgehen?!“, kein hektisches Anziehen der Schuhe.

- Lassen Sie ihn dann angeleint neben sich sitzen und öffnen Sie die Tür einen Spaltbreit.
- Will Ihr Hund sofort an Ihnen vorbei ins Freie flitzen, schließen Sie den Spalt sofort wieder.
- Bringen Sie Ihren Hund dann wieder neben sich ins „Sitz“ und öffnen Sie den Spalt ein weiteres Mal.
- Nach einigen vergeblichen Versuchen wird Ihr Hund anfangen, nachzudenken. Loben Sie jeden Blickkontakt zu Ihnen!
- Sobald Ihr Hund ruhig neben Ihnen sitzen bleibt, wenn die Tür auf ist, gehen Sie los.

2. Übung: Liebe geht durch den Magen

Natürlich sollte Ihr Hund nicht nur auf Sie hören, wenn es etwas zu essen gibt. Aber zu Anfang kann Ihnen das helfen, um Ihrem Hund das Training im wahrsten Sinne des Wortes schmackhaft zu machen.

Vor allem beim Gassigehen hilft es, wenn Sie ein paar Kekse in der Tasche haben. Natürlich sollten Sie Ihrem Liebling nicht einfach Leckerlis in den Rachen schmeißen. Sie können ein paar lustige Spiele mit in Ihren Spaziergang einbauen, um für Ihren Hund interessanter zu werden.

- Rufen Sie Ihren Hund. Wenn er sich Ihnen zuwendet, werfen Sie ein Leckerli in seine Richtung, das er fangen muss.
- Nehmen Sie einige Kekse und werfen Sie sie ins hohe Gras. Schicken Sie Ihren Hund dann suchen.
- Suchen Sie sich einen Baum mit grober Rinde und verstecken Sie (auf Kopfhöhe Ihres Hundes) einige Kekse in den Lücken. Lassen Sie Ihren Hund auch diese suchen.
- Mag Ihr Hund Wasser? Schmeißen Sie Leckerlis in niedriges Wasser, Ihr Hund muss Sie herausfischen.

3. Übung: Gemeinsamer Sport

Hunde lieben Rennen und Powern. Damit der Kopf richtig funktioniert, muss auch der Körper ausgelastet sein. Eine Runde an der Leine oder ein bisschen den Ball hin und her werfen reicht nicht allen Hunden oder Hunderassen. Je nach Bedürfnissen können Sie gemeinsam mit Ihrem Hund fit werden. Joggen, Fahrradfahren, Schwimmen oder auch Hundesport wie Dogscooter oder Agility sind da die richtigen Wege. Probieren Sie sich und Ihren Hund einfach aus und finden Sie etwas, was Ihnen beiden Spaß macht.

So kann Ihr Hund nicht nur gut seine Energie loswerden, die er sonst nutzen würde, um Unfug anzustellen. Er bekommt auch mehr Selbstbewusstsein. Wenn Sie einen Parcours oder eine Strecke zusammen als Team meistern, bringt Ihnen beiden das Spaß und Ihre Beziehung wird gefördert.

Neben richtigen Sporteinheiten können Sie auch auf Ihren normalen Gassirunden immer etwas sportlich aktiv werden. Lassen Sie ihn zum Beispiel auf Baumstämmen balancieren, über Gräben springen oder kleine Hänge erklimmen. Das lastet ihn nicht nur aus, Sie entdecken so auch ganz neue Wege und erleben zusammen Abenteuer, die Ihrem Hund zeigen: Mit dem Menschen an meiner Seite macht es doch ziemlich viel Spaß und es lohnt sich, dranzubleiben.

4. Übung: Das Territorium begrenzen

Oft ziehen Hunde an der Leine, weil Sie etwas beschnüffeln wollen. Oder Sie wollen etwas jagen. Andere ziehen allerdings, weil Sie denken, Sie wären der größte Macker der Straße. Diese Hunde ziehen mit aufrechter Körperhaltung und erhobener Rute, ihr Blick ist nach vorn gerichtet – sie fühlen sich für die Sicherung ihres Reviers zuständig. In diesem Fall ist für Sie die richtige Übung, Ihren Hund aktiv einzugrenzen. Nehmen Sie Ihrem Hund aktiv Entscheidungen ab und zeigen Sie ihm, dass Sie sich schon um alles kümmern und er entspannt bleiben kann. Genauso übernehmen Sie auch die Führung in Sachen Spielen und Aufmerksamkeit.

- Stupst Ihr Hund Sie an und bringt Ihnen seinen Lieblingsball, ignorieren Sie das.
- Krabbelt er auf Ihren Schoß, um gestreichelt zu werden, schieben Sie ihn von sich weg.
- Will Ihr Hund beim Spazierengehen an einer Laterne schnüffeln, gehen Sie weiter.
- Springt Ihr Hund einfach auf das Sofa, schicken Sie ihn runter.

Bleiben Sie bei solchen Aktionen konsequent und geben Sie nicht nach. Sie bestimmen, wann gespielt wird, wann er auf Ihr Sofa darf, wann Sie ihn streicheln und wann er sich lösen darf.

5. Übung: Stoppen und Losgehen

Zur Leinenführigkeit gehört nicht nur das Laufen an lockerer Leine, sondern auch das aufmerksame Stehenbleiben und gemeinsame Losgehen. Mit dieser Übung können Sie testen, ob Ihr Hund sich schon den menschlichen Bewegungen anpasst und auf Sie achtet. Wenn Ihr Hund Sie im Alltag schon spannend findet und weiß, dass Blickkontakt sich lohnt – dann wird das hier Ihre leichteste Übung.

- Gehen Sie einfach mit Ihrem Hund an der lockeren Leine spazieren – und bleiben Sie ab und zu stehen. Wenn Ihr Hund darauf achtet, was Sie tun, wird er auch stehen bleiben und Ihren Blick suchen.
- Belohnen Sie dieses Verhalten und gehen Sie zusammen wieder los.
- Loben Sie dabei jeden Schritt, den Ihr Hund neben Ihnen geht, und auch, wenn er Sie dabei ansieht, wird er gelobt.
- Nach einigen Schritten bleiben Sie wieder stehen und wiederholen das Prozedere.
- Dabei können Sie auch ein Kommando einführen, das Ihren Hund wieder in das normale Gehen an der lockeren Leine schickt, ein „Weiter" mit einer Handgeste nach vorne zum Beispiel.
- Geht Ihr Hund dabei zu weit nach vorn, korrigieren Sie ihn.

Mit dieser Übung können Sie sich vergewissern, dass Ihr Hund Sie immer im Hinterkopf hat und auf Sie achtet. Vor allem, wenn Sie zum Beispiel an einer Straße stehen bleiben oder ein Fahrradweg Ihren Weg kreuzt, ist es wichtig, dass auch Ihr Hund stehen bleibt und nicht einfach seinen Weg weiter geht.

Versuchen Sie, diese Übung auf Ihren Spaziergängen immer wieder zu wiederholen. Ihr Hund wird lernen, dass es sich lohnt, mit Ihnen stehen zu bleiben.

6. Übung: Laufen auf der Geraden

Bis jetzt haben Sie die Leinenführigkeit viel mit Richtungswechseln trainiert, mit Anhalten und Laufen im Kreis. Das ist alles nur bedingt realitätsnah. Eigentlich ist es viel klarer, einfach geradeaus zu laufen. Anfangs verführt Ihren Hund das aber noch zu sehr dazu, vorzulaufen und wieder ins Ziehen zu verfallen.

Wenn die Übungen aber alle problemlos funktionieren, können Sie die Richtungswechsel langsam abbauen – und damit gleichzeitig die geraden Strecken immer mehr verlängern.

Laufen auch gerade Strecken immer besser, können Sie zu reizvolleren Umgebungen wechseln. So steigern Sie immer mehr Ihr Training und machen weiterhin große Fortschritte. Wenn etwas gut läuft, passen Sie Ihr Training dem neuen Schwierigkeitsgrad an: Läuft es im Park gut, versuchen Sie es in einer belebteren Straße. Klappt es auch da gut, gehen Sie an die Hauptstraße – in Ihrem Tempo und den Bedürfnissen und Ängsten Ihres Hundes angepasst.

Steigern Sie sich Stück für Stück und irgendwann werden Sie an dem Punkt sein, an dem Ihr Hund in fast jeder Situation an der lockeren Leine an Ihrer Seite bleibt und mit dem Fokus bei Ihnen ist.

Jetzt ist der Zeitpunkt gekommen, Ihre Stimme und Sichtzeichen zu etablieren, um die Kommunikation zu Ihrem Hund immer weiter auszubauen.

STIMM- UND SICHTZEICHEN ETABLIEREN

Mit Stimm- und Sichtzeichen können Sie Ihren Hund während des Spaziergangs koordinieren, egal, ob Sie wollen, dass er „Bei Fuß" läuft, stehen bleibt oder zu Ihnen kommt.

Bei Fuß

Für das Laufen „Bei Fuß" ist es vor allem wichtig, dass Ihr Hund schon weiß, dass Blickkontakt eine gute Sache ist.

1. Nehmen Sie sich gute Leckerlis und positionieren Sie Ihren Hund an der Leine im „Sitz" neben sich.
2. Zeigen Sie ihm das Leckerli und halten Sie es sich dann vor die Brust.
3. Neigen Sie sich nach vorne und ziehen Sie so Ihren Hund mit in die Bewegung.
4. Läuft er ein paar Schritte neben Ihnen und guckt Sie dabei an, loben Sie Ihren Hund und geben ihm das Leckerli.
5. Bringen Sie Ihren Hund wieder ins „Sitz" und wiederholen Sie das Ganze.
6. Läuft Ihr Hund schon gut im „Fuß" neben Ihnen her, dann fangen Sie an, das Stimmzeichen zu etablieren.
7. Sagen Sie jedes Mal, bevor Sie mit dem Leckerli vor der Brust losgehen, „Bei Fuß" und machen Sie sich wie gehabt auf den Weg. Belohnen Sie Ihren Hund, wenn er gut neben Ihnen herläuft.
8. Parallel zu dem Stimmzeichen etablieren Sie auch ein Sichtzeichen Ihrer Wahl. Zeigen Sie zum Beispiel mit dem Zeigefinger neben sich oder legen Sie Ihre Hand an Ihren Oberschenkel – so, wie es für Sie und Ihren Hund am angenehmsten ist.
9. Bauen Sie nun nach und nach die Leckerlis vor Ihrer Brust ab und verlängern Sie immer mehr die „Bei Fuß"-Einheiten.
10. Wie auch bei den anderen Übungen, verändern Sie am besten immer wieder das Gebiet und steigern Stück für Stück die Ablenkungen.

Bleib

„Bleib“ ist einer der zentralsten und wichtigsten Befehle für Ihren Hund. Im Zweifel kann ein gut sitzendes „Bleib“ ihm sein Leben retten. Will er zum Beispiel zu einem Hundekumpel auf einer Wiese, aber zwischen Ihnen und der Wiese liegt noch eine große Straße, kann ein gutes „Bleib“ Unfälle vermeiden.

1. Nehmen Sie als Erstes wieder gute Leckerlis zur Hand und suchen Sie sich einen ruhigen Platz.
2. Bringen Sie Ihren Hund dann vor Ihnen ins „Sitz“.
3. Stellen Sie sich frontal vor Ihren Hund, legen Sie die Leine auf den Boden und treten Sie einen kleinen Schritt zurück. Es muss gar kein ganzer Schritt sein, nur die Andeutung. Dabei lehnen Sie sich etwas nach hinten.
4. Bleibt Ihr Hund sitzen, lehnen Sie sich sofort wieder nach vorne und belohnen das Sitzenbleiben.
5. Wiederholen Sie diesen Schritt einige Male.
6. Klappt das gut, können Sie in den weiteren Schritten nun den Befehl und die Geste mit konditionieren. Sagen Sie „Bleib“ und strecken Sie Ihrem Hund dabei die Handfläche entgegen. Gehen Sie einen „echten“ Schritt nach hinten und dann sofort wieder zu Ihrem Hund zurück – damit er gar nicht auf die Idee kommt, Ihnen hinterherzugehen. Belohnen Sie das Sitzenbleiben wieder.
7. Jetzt können Sie Stück für Stück die Zeit verlängern, die Ihr Hund sitzen bleiben soll.
8. Wenn Ihr Hund entspannt auf kleinem Abstand sitzen bleibt, können Sie den Abstand erhöhen.
9. Gehen Sie dabei immer rückwärts, damit Ihr Hund Ihr Gesicht sieht. Klappt es auf Abstand auch gut, können Sie sich umdrehen und sich mit dem Rücken zu Ihrem Hund von ihm entfernen.

Wichtig bei dem Bleib-Training: Rufen Sie Ihren Hund nicht ab. Dann wird er für sein Kommen belohnt und nicht für das Bleiben. Gehen Sie immer zu Ihrem Hund und belohnen Sie ihn an der Stelle, an der er gewartet hat. So wird er schnell lernen, dass Warten sich lohnt!

Komm

Neben einem sicheren „Bleib“ ist der Abruf das Nächstwichtigste, was Ihr Hund können muss. Nur so ist ein Freilauf für Sie beide Spaß.

1. Fangen Sie mit dem Abruf wieder in ruhiger Umgebung an. Denken Sie sich ein Abruf-Wort aus. Kurz, knackig und schnell zu rufen sollte es sein – und am besten etwas, das Sie im Alltag nicht allzu oft verwenden.

2. Konditionieren Sie das Stimmzeichen, indem Sie es in verschiedenen Tonlagen und Lautstärken immer wieder sagen, während Ihr Hund vor Ihnen sitzt. Nach jedem Ausruf bekommt Ihr Hund ein Leckerli.

3. Nehmen Sie dann die Leine in die Hand, sagen Sie das Kommando und laufen Sie animierend und fröhlich ein paar Schritte rückwärts. Kommt Ihr Hund hinterher, freuen Sie sich und geben ihm einen Keks.

4. Wiederholen Sie das immer wieder mit unterschiedlich langen Leinen.

5. Irgendwann kommt der Moment, an dem Ihr Hund von allein zu Ihnen kommt, wenn er das Kommando hört. Denn bei Ihnen macht es Spaß!

Sind diese Basics gesetzt, können Sie den Abstand und die Ablenkungen immer mehr erhöhen und dabei den Hund immer an der Schleppleine führen – so hat Ihr Vierbeiner kein Erfolgserlebnis, wenn er doch einmal nicht auf den Abruf hört.

Die wichtigsten Sichtzeichen im Überblick

Generell gilt: Es gibt kein richtiges und kein falsches Sichtzeichen. Sie können Ihrer Fantasie freien Lauf lassen und sich selbst Sichtzeichen für Ihren Hund überlegen. Allerdings sollten Sie die Zeichen so einfach, aber auch so unterschiedlich wie möglich halten. Der Hund muss auch aus der Entfernung die unterschiedlichen Sichtzeichen erkennen können. Im Folgenden finden Sie einige Vorschläge für die Sichtzeichen der Grundkommandos:

Das Sichtzeichen für das Grundkommando **„Sitz!"** ist eine geöffnete Hand, dabei zeigt die Handfläche nach oben. Sie können zur Verdeutlichung die Hand leicht nach oben bewegen. Damit ziehen Sie den Blick des Hundes, wenn er sich vor Ihnen hinsetzt, nach oben, sodass er Sie anschaut.

Das Sichtzeichen für das Grundkommando **„Platz!"** ist ebenfalls die geöffnete Hand, allerdings zeigt hier die Handfläche nach unten. Zur Verdeutlichung kann die Hand nach unten bewegt werden.

Das Sichtzeichen für den **Rückruf** könnten Sie wie folgt gestalten: Beide Hände werden hierfür benutzt, die Handinnenflächen zeigen dabei zu Ihnen, die Arme sind freundlich geöffnet. Mit den Fingern machen Sie eine Bewegung zu sich selbst. Manche präferieren es, für den Rückruf auch einfach nur die Hand nach oben zu heben.

Für das Grundkommando **„Bleib!"** können Sie dem Hund einfach die aufrechte flache Hand zeigen. Dabei zeigt der Handrücken zu Ihnen.

Probleme und Lösungen

Um mit dem Training gut starten zu können, sollten Sie Ihren Hund vor Beginn ordentlich auslasten. So ist er nicht mehr hibbelig und kann sich leichter fokussieren. Gehen Sie dann erst los, wenn Sie sehen, dass Ihr Hund konzentriert ist und Sie seine Aufmerksamkeit haben. Denn Sie möchten, dass die Leine von Ihrem Hund positiv verknüpft wird und ihm das Training Spaß macht. Andernfalls entwickelt er Frust, weil er sich gar nicht auf seine Aufgabe konzentrieren kann. Ziehen Sie deswegen den Hund auch an der Leine nie einfach mit sich, damit er nicht anfängt, das Training negativ zu verknüpfen. Denn Sie sollen zwar konsequent sein, Ihren Hund aber nicht bestrafen. Wenn Sie jetzt alles genau nehmen, können Sie die Leine später lockerlassen!

Lassen Sie an der Leine keine Hundebegegnungen zu, wenn Sie trainieren, und bauen Sie immer wieder Richtungswechsel ein – so wird Ihr Hund mehr bei der Sache sein. Sollten trotzdem Probleme auftauchen, gibt es für alles eine Lösung.

DER HUND ZERRT UNKONTROLLIERT

Ihr Hund möchte sein Revier kontrollieren und Sozialkontakte knüpfen – das liegt in seiner Natur. Er möchte sich frei bewegen, andere Hunde treffen, Duftmarker setzen und rennen. Eine Leine lässt das alles nicht zu. Häufig trägt auch zu diesem Verhalten bei, dass unsere Gassirunden nicht sonderlich spannend sind – für viele Hundehalter ist sie eine Pflicht und es werden immer die gleichen Runden gegangen. Das bietet dem Vierbeiner keine Herausforderung oder Spannung. Hängt der Hund dann auch noch in der Leine, macht es Ihnen als Halter genauso wenig Spaß wie Ihrem Hund.

✓ Als erster Lösungsansatz ist es wichtig, dass Sie die Gassirunden spannender gestalten. Nehmen Sie sich täglich Zeit für mindestens eine große Runde und sehen Sie sich dabei als Team. Wenn Ihr Hund schon gut abrufbar ist, dann planen Sie auch Freilauf mit ein. Machen Sie Übungen und Spiele, die Ihnen hier schon vorgestellt wurden, und genießen Sie einfach die Zeit gemeinsam.

MEIN HUND ACHTET NICHT AUF MICH

Im Haus und der Wohnung sucht Ihr Hund Kontakt und Ihre Nähe, aber kaum sind Sie im Park oder Wald, sind Sie egal. Ihre Kommandos werden ignoriert und Ihr Hund guckt Sie noch nicht einmal an, wenn Sie ihn ansprechen – er findet Sie einfach langweilig.

✓ Mit den verschiedenen Aufmerksamkeitsübungen, die Sie schon kennen, können Sie das Interesse Ihres Hundes wecken. Auch können Sie anfangen, den Namen Ihres Vierbeiners gezielt einzusetzen. Versuchen Sie, den Namen Ihres Hundes nur noch dann zu rufen, wenn Sie wirklich etwas Wichtiges von ihm wollen. Sonst nutzt sich der Name zu schnell ab und Ihr tierischer Begleiter wird nicht mehr darauf reagieren. Für normale Ansprachen im Alltag oder wenn Sie Ihrem Hund einfach etwas erzählen möchten, nutzen Sie am besten Spitznamen!

MEIN HUND BESTIMMT DEN WEG

Sie wollen links, Ihr Hund will rechts und er lässt sich nicht dazu überreden, mitzukommen. Vielleicht legt er sich ab oder stemmt sich rückwärts gegen die Leine, alle vier Pfoten in den Boden gerammt. Erst, wenn Sie dem Richtungswunsch nachgehen, läuft Ihr Hund munter weiter. Versuchen Sie nicht, Ihren Hund mit Futter zu locken. Klar funktioniert das erst einmal, aber unsere Hunde sind ganz schön gewitzt: Er wird schnell merken, dass es Futter gibt, wenn er bockt. Einfach abwarten, den Hund weiterziehen oder auf ihn einreden ist genauso wenig zielführend. Sie haben drei Möglichkeiten, um dieses bockige Verhalten zu unterbinden.

✓ Versuchen Sie, Ihren Hund zu nerven: Zupfen Sie ein bisschen an der Leine – ganz sanft! Irgendwann ist Ihr Hund genervt genug und läuft weiter. Hören Sie mit dem Stören dann sofort auf und setzen Sie Ihren Weg lobend fort.

✓ Haben Sie einen unsicheren Hund und er bockt, weil er zum Beispiel nicht einen dunklen Flur entlanglaufen möchte, dann zeigen Sie ihm, dass er keine Angst haben muss. Bleiben Sie souverän stehen und halten Sie die Leine auf Spannung, ohne an ihr zu ziehen. Richten Sie sich nicht Ihrem Hund zu, sondern bleiben Sie mit Ihrem Blick in Richtung der vermeintlichen Gefahr. Wenn Sie merken, dass Ihr Hund dem Druck auch nur ein bisschen nachgibt und Ihnen damit entgegenkommt, dann setzen Sie ihren Weg fort. Bleiben Sie dabei aber nach vorn gerichtet und drehen Sie sich nicht um. Das könnte die Unsicherheit wieder verstärken.

✓ Hat Ihr Hund einfach keine Lust mehr, weiterzugehen, und setzt er sich ab oder legt er sich hin? Machen Sie es ihm unbequem. Schieben Sie langsam Ihre Füße unter den Hundekörper, bis er aufsteht. Gehen Sie dann kommentarlos einfach weiter.

Wenn Ihr Hund häufig bockt und es dafür keinen ersichtlichen Grund gibt, dann gehen Sie lieber einmal zum Tierarzt und lassen Sie untersuchen, ob es sich nicht vielleicht um körperliche Ursachen handelt.

MEIN HUND REAGIERT PANISCH AUF DIE LEINE

Wenn Ihr Hund sofort die Flucht ergreift, wenn er die Leine nur hört, dann ist in der Vergangenheit wahrscheinlich etwas vorgefallen, was diese Angst ausgelöst hat. Um Ihren Vierbeiner von dieser Angst zu befreien, müssen Sie die Leine wieder positiv verknüpfen.

✓ Versuchen Sie am besten, mehrmals täglich den Kontakt zwischen Ihrem Hund und der Leine zu trainieren. Legen Sie dafür die Leine in Ihre Nähe und setzen Sie sich dazu. Spielen Sie mit Ihrem Hund oder verteilen Sie großzügig Leckerlis. In den darauffolgenden Einheiten kommt die Leine immer näher, bis Sie sie in der Hand haben können. Üben Sie jetzt den direkten Körperkontakt der Leine mit Ihrem Hund und das Anleinen.

✓ Verknüpfen Sie die Leine mit Spaß und Leckereien.

Parallel zu den Übungen müssen Sie natürlich trotzdem mit dem Hund raus. Vermeiden Sie dabei, dass Sie sich über Ihren Hund beugen, um ihn anzuleinen, oder ihm hinterherzulaufen, wenn er vor der Leine flüchtet. Versuchen Sie, während des Trainingsprozesses aus der Leine keine große Sache zu machen, und leinen Sie Ihren Vierbeiner ganz nebenbei an. Denn leider können Sie ihm das nicht ersparen – auch nicht während der Desensibilisierung.

MEIN HUND WECHSELT UNGEFRAGT DIE SEITEN

Wenn Ihr Hund beim Spazierengehen ständig die Seiten wechselt, kann das nicht nur nervig sein, sondern unter Umständen auch gefährlich. Er könnte in andere Hunde rennen, in Fahrräder oder Sie stolpern über Ihr Tier. Um zu trainieren, dass Ihr Hund nur auf einer Seite läuft und nicht einfach nach seinem Empfinden rechts oder links geht, können Sie viel mit Ihrem Körper agieren und sprechen.

✓ Halten Sie Ihren Hund hierfür an der kurzen Leine, so haben Sie es sehr viel einfacher.

✓ Möchte Ihr Hund vor Ihnen auf die andere Seite wechseln, weil dort zum Beispiel eine spannende Fährte auf ihn wartet, dann versperren Sie ihm den Weg mit Ihrem Fuß oder Bein. Gleichzeitig halten Sie die Leine so fest, dass Ihr Hund nicht weiterkann. Mit dem Fuß schieben Sie Ihren Hund sanft wieder auf die richtige Seite und setzen Ihren Weg so fort. Bleibt Ihr Hund jetzt auf der richtigen Seite, loben Sie ihn.

Um diese Situationen gezielt zu trainieren, üben Sie am besten an einem ruhigen Ort. Dort können Sie für Ablenkungen sorgen: Legen Sie einen Ball auf den Boden, Leckerlis oder einen Stoffhund. Daran führen Sie Ihren Hund vorbei und belohnen ihn, wenn er auf der richtigen Seite bleibt. Versucht Ihr Hund, hinter Ihnen die Seite zu wechseln, blocken Sie ihn mit einem Schritt nach hinten.

✓ Bieten Sie Ihrem Hund auf jeden Fall Alternativen zu der Ablenkung, die er so dringend haben möchte. Halten Sie gute Leckerlis bereit oder etwas anderes, was Ihren Hund freut. Vielleicht trägt er gern seinen Futterdummy durch die Gegend – dann geben Sie ihm den Dummy. Erhöhen Sie so immer mehr die Ablenkungen und trainieren Sie in verschiedenen Umgebungen. Parallel bietet es sich an, kräftig am „Bei Fuß“-Training zu arbeiten.

Leinentraining für Fortgeschrittene

Haben Sie und Ihr Hund schon eine sichere Leinenführung aufgebaut, dann können Sie beginnen, die große Welt zu erkunden. Um das aber auch sicher gestalten zu können, gibt es einige Punkte, die Sie noch weiter mit Ihrem Hund angehen können – sobald dieser die Basics versteht! Denn so trainieren Sie nicht nur das Spazierengehen an der lockeren Leine. Leinenführigkeit und das Führen von Hunden sind noch viel mehr als das. Denn in der menschlichen Gesellschaft warten Dinge auf Hunde, die Sie ohne unsere Hilfe nicht einfach so lösen können.

VERHALTEN IM STRASSENVERKEHR

Unser Straßenverkehr kann für unsere Hunde schnell zu einer tödlichen Gefahr werden. Einige Regeln sind deswegen obligatorisch und sollten von Ihnen auch immer ernst genommen werden. Denn schon kleine Fehler können zu folgeschweren Situationen führen. Einige Hunde sind daran gewöhnt, dass es mehrspurige Straßen gibt, wuselige Fußwege, viele Busse und Straßenbahnen oder auch Sirenen, die an einem vorbeihetzen. Andere Hunde wohnen eher dörflich und sind schnell überfordert, wenn Sie in eine belebtere Stadt kommen. Wenn Sie einige Tipps beachten, dann können Sie auch nervöse Hunde sicher durch den Straßenverkehr führen.

Achten Sie auf die richtige Leinenlänge

Ihr Hund sollte sich frei bewegen können, aber auch gleichzeitig nah an Ihnen geführt werden. Haben Sie eine Zwei-Meter-Leine mit verstellbaren Karabinern, dann eignet sich der mittlere am besten.

Nutzen Sie ein Geschirr

Wenn sich Ihr Hund im Verkehr vor etwas erschreckt und versucht, sich nach hinten von der Leine zu lösen, dann kann er aus dem Brustgeschirr nicht raus. Auch verletzt er sich so nicht an der Halswirbelsäule.

Die Pfoten

Sind Sie im Sommer mit Ihrem Hund unterwegs, denken Sie daran, dass er barfuß läuft. Wenn Ihr Hund im Sommer auf geteertem Boden stark zieht, möchte er vielleicht auf den Grünstreifen, weil ihm die Pfoten schmerzen – und er hat seine Leinenführigkeit gar nicht vergessen!

Auf der abgewandten Seite

Führen Sie Ihren Hund nicht auf der Seite, auf der Fahrräder fahren, die Straße verläuft oder andere Hunde sich nähern. So können Sie Konflikt- oder Gefahrensituationen vorsorgen. Sie befinden sich zwischen Ihrem Hund und dem Reiz und bieten ihm so Sicherheit und Schutz.

Nicht unbedingt Sitz an jeder Ampel oder Kante

Bringen Sie Ihren Hund an Bordsteinkanten und Ampeln sicher zum Stehen – haben Sie die Aufmerksamkeitsübungen gut trainiert, wird Ihr Hund Ihrem Beispiel folgen und anhalten, wenn Sie es tun. Aber er muss nicht immer „Sitz" machen – denn vor allem, wenn Ihr Hund schon gestresst ist, kann ihm das noch mehr Unbehagen bereiten. Außerdem ist ein „Sitz" bei Nässe, Kälte oder Hitze nicht unbedingt hundefreundlich. Bleibt Ihr Vierbeiner einfach neben Ihnen stehen, genügt das schon.

Begegnungen mit anderen Hunden

Wie Sie schon wissen, bringt es Ihrem Hund nichts, fremde Artgenossen an der kurzen Leine kennenzulernen. Vor allem in einer solch hektischen Umgebung sind die meisten Hunde sowieso angespannt und haben kein großes Interesse daran, neue Freundschaften zu knüpfen. Haben Sie genug Platz, reicht es, Ihren Vierbeiner auf der abgewandten Seite zu führen. Kommen Sie sich auf einem engen Weg entgegen, ist es am besten, wenn Sie einfach die Straßenseite wechseln oder an der Seite mit Ihrem Hund kurz warten und den anderen vorbeigehen lassen.

DAS TREFFEN VON ANDEREN HUNDEN

Es ist nicht möglich, sicher vorauszusehen, wie eine Hundebegegnung abläuft. Auch wenn Sie Ihren Hund kennen – den anderen kennen Sie im Zweifel nicht. Und unter Umständen kann das auch das Verhalten Ihres Hundes beeinflussen. Manche Hunde sind für Ihren Vierbeiner vielleicht von Anfang an uninteressant, andere wirken unwiderstehlich. Haben Sie ein sehr soziales Tier, ist das Interesse vielleicht hoch. Auch sexuell motiviertes Interesse ist häufig schwieriger zu kontrollieren. Egal, wie die Motivation Ihres Vierbeiners aussieht, an der Leine ist er eingeschränkt. Das kann schnell dazu führen, dass Ihr Hund sich in seine Emotionen reinsteigert und immer nervöser und frustrierter wird. Begegnungen an der Leine sollten Sie mit Ihrem Hund trainieren – denn nicht jeder andere Hundehalter ist so vorausschauend und nimmt seinen Vierbeiner zurück, wenn Sie mit Ihrem angeleinten Hund näherkommen.

Gute Begegnungen an der Leine

Das Wichtigste zuerst: Zeigen Sie Ihrem Hund, dass gar nichts Aufregendes passiert. Auch wenn er angeleint ist, kommen manchmal Artgenossen ungefragt näher – aber das ist gar kein Problem.

1. Tipp: Setzen Sie den Fokus auf sich

Lassen Sie Ihren Hund nicht in dem Glauben, dass er die Situation alleine regeln muss. Stellen Sie sich zwischen Ihren Hund und den Artgenossen und bringen Sie Ihren Vierbeiner aktiv hinter sich. Blocken Sie den anderen Hund ab. Will Ihr Hund dringend zu seinem Artgenossen, stellen Sie sich auch zwischen die Hunde, lenken Ihren Hund mit Spielzeug oder Futter ab und lassen ihn ein paar seiner Lieblingstricks ausführen. So wird Ihr Hund mehr Spaß daran haben, auf Sie zu achten, als seinem Artgenossen hinterherzulaufen.

2. Tipp: Das Gespräch mit dem Halter suchen

Haben Sie das Gefühl, dass die Situation passt und sich die Hunde kennen lernen dürfen, fragen Sie zunächst den anderen Halter. Vielleicht ist sein Hund kein Freund von seinen Artgenossen, ist krank oder wird gerade trainiert.

3. Tipp: Positives Verhalten belohnen

Wenn Ihr Hund sich gut benommen hat und Sie problemlos an einem anderen Hund vorbeigehen konnten oder er brav gewartet hat, loben Sie dieses Verhalten dementsprechend auch euphorisch und wertschätzend. Nur so lernt Ihr Hund, dass er etwas Gutes getan hat.

4. Tipp: Wenn Sie keine Zeit haben

Haben Sie keine Zeit für eine Interaktion, dann signalisieren Sie dem anderen Hundehalter das so schnell wie möglich. Denn es ist für die Tiere noch frustrierender, wenn Sie voneinander weggezogen werden, als gar nicht erst aneinander gelassen zu werden. Nehmen Sie Ihren Hund auf die abgewandte Seite, lenken Sie seine Aufmerksamkeit auf sich und gehen Sie zügig an dem anderen Hund-Mensch-Gespann vorbei. Funktioniert das gut, loben Sie Ihr Tier ausgiebig dafür.

5. Tipp: Mit anderen Hunden üben

Machen Sie bei sogenannten „Social Walks“ mit oder treffen Sie sich mit bekannten Hunden zu gemeinsamen Leinenspaziergängen. So gewöhnt sich Ihr Hund daran, dass es auch andere Artgenossen an Leinen gibt, mit denen er nichts am Hut hat.

GEMEINSAMES SPAZIERENGEHEN MIT MEHREREN HUNDEN

Bei diesem Spaziergang, oder auch einem „Social Walk", geht es darum, dass mehrere Hunde an der Leine miteinander unterwegs sind. Die Hunde werden nicht zusammen gelassen und alles passiert mit einem gewissen Abstand – so, dass sich keiner der anwesenden Hunde eingeschränkt oder bedrängt fühlt. Ihre Aufgabe dabei ist es, die Situation so zu gestalten, dass sich alle Hunde ungestört fühlen.

Ihr Hund lernt dabei,

- Artgenossen im Umfeld hinzunehmen und ihnen nicht weiter Aufmerksamkeit zu schenken.
- Hunde ruhig zu beobachten, Duftspuren aus der Ferne aufzunehmen und sich so eigenständig zu entspannen.
- sich Artgenossen gegenüber höflich zu verhalten und Abstände einzuhalten.

Sie lernen dabei,

- Ihren Hund besser zu lesen und zu verstehen.
- was Ihren Hund bei Hundebegegnungen an der Leine stört und was nicht.
- sich bei der Anwesenheit von anderen Hunden an der Leine zu entspannen.

Im Alltag ist für Hundebegegnungen an der Leine nicht immer viel Zeit und auch das Üben von diesen verläuft hektisch und nebenbei. Bei Social Walks können Sie genau das trainieren: aneinander vorbeigehen, sich in Anwesenheit von anderen absetzen, nebeneinander herlaufen, ohne sich zu beachten – genau die Sachen, die im Alltag wichtig werden, können Sie hier trainieren. Und auch Ihr Hund kann verschiedene Strategien an verschiedenen Hunden testen. Er darf sich an solche Situationen herantasten und Sie können ihn dabei beobachten. Zusammen lernen Sie, wie Sie als individuelles Team am besten mit dieser Art von Treffen umgehen können.

Kreatives Training und Spaß

Hundetraining ist Arbeit – soll Ihnen und Ihrem Hund aber auch Spaß machen! Denn wenn Sie als Team immer kleine Abenteuer erleben, schweißt Sie das zusammen und Ihr Hund wird gern mit Ihnen zusammenarbeiten.

Ein kreatives Training macht nicht nur Ihrem Hund Spaß – es fordert ihn immer neu und es lastet ihn nicht nur geistig aus, sondern bietet ihm auch körperlich neue Herausforderungen. So finden Sie vielleicht heraus, dass Ihr Hund sehr gut im Spurensuchen ist oder begabter als manches Springpferd. Und Sie finden neue Hobbys, die Sie zusammen erforschen können.

HINDERNISSE ÜBERWINDEN

Hunde lieben es, neue Pfade zu entdecken, zu klettern und Gebiete auszukundschaften. Machen Sie sich diese natürliche Neugierde zunutze. Immer die gleichen Wege zu laufen und an den gleichen Bäumen zu schnuppern, ist irgendwann langweilig. Ihr Hund wird sich andere Beschäftigungen suchen, um seine Neugier zu stillen. Und das ist dann häufig die Mäusefamilie im Feld, der See voller Enten oder das Eichhörnchen auf dem Baum. Der Spaziergang ist für den Hund sein Highlight des Tages – machen Sie es auch zu einem! Kopfarbeit lastet Ihren Vierbeiner außerdem sehr viel besser aus als nur Rennen. Schon eine halbe Stunde konzentriertes Arbeiten macht Ihren Hund müder als eine Wandertour von zwei Stunden. Außerdem werden Ihre Beziehung und Ihre Bindung gefördert, wenn Sie zusammen Abenteuer erleben. Allein schon die Umgebung zu wechseln, macht viele Hunde aktiver und sie schnüffeln mehr. Sie können in neuen Umgebungen auch immer neue Wege finden, Ihren Vierbeiner auszulasten. Klettern Sie zusammen über Baumstämme, lassen Sie Ihren Hund auf einem kleinen Baumstumpf „Sitz" und „Bleib" üben oder ihn über kleine Stämme oder Gräben springen. Versuchen Sie doch einmal, mit Ihrem Hund kleine Berge zu erklimmen oder über Steine zu klettern. Sie werden sehen: In vielen Hunden steckt eine Bergziege. Hat Ihr Hund daran Freude, können Sie das Überwinden von Hindernissen auch mit Sport verbinden: CaniCross ist ein querfeldein Rennen, bei dem Sie mit Ihrem Hund durch Wälder, Felder, Wasser, über kleine Berge und Felsen laufen und dabei als Team zusammenarbeiten. Sie werden so nicht nur sich selbst und Ihren Hund körperlich auslasten, gleichzeitig steigert dieser Sport auch Ihre Kommunikation mit Ihrem Hund und sein Selbstbewusstsein!

„BEI Fuß" – ABER OHNE LEINE

Damit Ihr Hund so viel wie möglich den Freilauf genießen kann, sollte das „Fuß"-Kommando auch dann sitzen, wenn Sie ihn nicht an der Leine haben. Denn nur so bekommen Sie Ihren Hund zuverlässig und sicher an zum Beispiel angeleinten Artgenossen vorbei, an Fahrrädern oder auch Pferden. Um das „Fuß"-Kommando ohne Leine zu trainieren, bauen Sie ganz einfach im Training Schritt für Schritt die Leine ab.Sie kennen ja bereits den Weg, wie Sie Ihrem Hund das „Bei Fuß"-Laufen beibringen können. Im nächsten Schritt lassen Sie die Leine immer länger, damit Ihr Hund freiwillig in Ihrer Nähe bleibt, Sie aber die Chance haben, ihn zu korrigieren.

Klappt das gut, lassen Sie die Leine einfach auf dem Boden schleifen, bis Sie die Leine weglassen können. So können Sie auch spannende Sachen mit Ihrem Hund üben: Nehmen Sie das Lieblingsspielzeug oder den Dummy Ihres Hundes mit auf Ihren Spaziergang. Legen Sie es auf die Wiese oder zwischen Baumstämme und gehen Sie im „Fuß" mit Ihrem Hund daran vorbei: Er soll nicht hinstürmen! So trainieren Sie nicht nur das „Fuß", sondern auch die Impulskontrolle Ihres Hundes und den Fokus auf Sie als Besitzer. War Ihr Hund artig und ist gut mit Ihnen an der Verführung vorbei gegangen, können Sie die versteckte Belohnung entweder freigeben oder ihm eine andere geben, die gleichwertig toll ist.

TRAINING IM WALD

Im Wald lauern hinter jede Ecke neue Abenteuer. Egal, zu welcher Jahreszeit, im Wald haben Hunde immer Spaß. Dort warten unzählige neue Eindrücke und Gerüche, neue Bodenuntergründe und Pflanzen. Damit Sie die Zeit im Wald richtig genießen können, fordern Sie Ihren Vierbeiner dazu auf, zu entdecken und zu spielen. Zusammen macht das viel mehr Spaß als nur allein. Wenn Ihr Hund am Anfang nicht so toll mit Ihnen mitmacht, ist das nicht schlimm. Er muss sich selbst daran gewöhnen – probieren Sie einfach weiter und der Knoten wird platzen!

Verstecken spielen

Wenn Ihr Hund dazu neigt, vorauszulaufen und nicht mehr auf Sie zu achten, dann nutzen Sie den Wald zum Versteckenspielen. Lassen Sie Ihren Hund vorausgehen und verstecken Sie sich dann schnell und leise hinter einem Baum. Die meisten Hunde suchen schnell nach ihrem Menschen. Wenn Sie das Spiel häufiger spielen, wird Ihr Hund immer aufmerksamer. Er wird sich immer mal wieder umdrehen und nach Ihnen suchen und darauf sensibilisiert sein, Ihre Schritte zu hören. Wenn Sie verstummen, wird er herausfinden wollen, was los ist.

Spuren legen

Die Hundenase ist ihr ausgeprägtester Sinn und die Nasenarbeit macht viele Hunde sehr glücklich. Das Suchen von Futter und das Legen von Fährten machen deswegen den meisten Hunden großen Spaß und sind wunderbare Beschäftigungen, um sie artgerecht auszulasten. Zuerst muss Ihr Hund natürlich verstehen, was Sie überhaupt von ihm wollen. Fangen Sie also ganz klein an und schmeißen Sie zum Beispiel einfach ein Leckerli sichtbar in seine Nähe. Er darf es aber noch nicht nehmen. Geben Sie den Keks mit dem Befehl „Such" frei und loben Sie ihn, wenn er es gefunden hat. Mit der Zeit können Sie Ihren Hund ins „Sitz“ bringen und warten lassen, so lange Sie etwas verstecken. Steigern Sie den Schwierigkeitsgrad langsam, um Ihren Hund nicht zu überfordern und Frust auszulösen. Irgendwann wird Ihr Vierbeiner auf den Befehl „Such“ schon anfangen, zu suchen. Ob sein Spielzeug, Ihren Handschuh, ein Leckerli oder einen Dummy, ist dabei nebensächlich.

Parcours im Wald

Im Wald gibt es tausende Möglichkeiten, die Geschicklichkeit zu trainieren. Auf Baumstämmen kann Ihr Hund seinen Gleichgewichtssinn trainieren und auf Baumstümpfen können Sie das „Zwei Pfoten“-Kommando üben. Dafür locken Sie Ihren Hund mit einem Leckerli so auf den Stumpf, dass er mit beiden Vorderpfoten darauf steht. Geben Sie dann das Kommando „Zwei Pfoten“ und er bekommt einen Keks.

Genauso können Sie an Bäumen den „Rum“-Befehl trainieren. Dafür locken Sie den Hund um einen Stamm herum und geben den Befehl „Rum“. Wenn Ihr Hund verstanden hat, um was es geht, können Sie die Kommandos auch von weiter weg geben und Ihren Hund immer wieder um andere Stämme herumschicken und auf anderen Stümpfen „Zwei Pfoten“ geben lassen. So wird es nicht langweilig! Haben Sie einen beweglichen Hund? Dann kann er auch unter Gegenständen hindurchkriechen. Bringen Sie ihn dafür ins „Platz“ und führen Sie ihn mit einem Keks unter einem Stamm hindurch. Ihrer Fantasie sind hier kaum Grenzen gesetzt und alles, was Ihrem Hund Spaß macht, ist erlaubt! Vergessen Sie aber nicht, bei dem ganzen Spiel und Spaß Rücksicht auf die Natur zu nehmen! Wenn Sie mit Ihrem Hund den Wald entdecken wollen, halten Sie sich an bestimmte Regeln. Bleiben Sie auf den Wegen und lassen Sie Ihren Hund nicht im Unterholz wildern. Welche Vorschriften es zu welcher Jahreszeit genau gibt, ist von Ihrem Wohnort abhängig – machen Sie sich vorher schlau! Dann steht ein paar aufregenden Stunden im Wald nichts mehr im Wege.

AGILITY-ÜBUNGEN

Agility ist ein beliebter Hundesport, den immer mehr Hundehalter und ihre Vierbeiner für sich entdecken. Vor allem, wenn Sie mit Ihrem Hund in der Stadt leben, freut er sich über einen Ausgleich, bei dem er sich richtig austoben kann! Bevor Sie mit den Übungen anfangen, sollten Sie einmal beim Tierarzt nachgucken lassen, ob Ihr Hund auch gesundheitlich für Wippen, Sprünge und Slalom geeignet ist.

Agility ist in den 80er Jahren in England entstanden. Mittlerweile ist der Hundesport eine eigenständige Disziplin, die sogar in Weltmeisterschaften ausgeführt wird. Bei dem Hundesport geht es um Geschwindigkeit, Koordination und Geschicklichkeit.

Beim Agility muss Ihr Hund ein Parcours in einer bestimmten Reihenfolge so schnell wie möglich mit so wenig Fehlern wie möglich hinter sich bringen. Sie steuern Ihren Hund mit Worten und Sichtzeichen aus einiger Entfernung – Ihr Hund muss also auf Sie achten und mit Ihnen zusammenarbeiten.

Für Agility sollte Ihr Hund Folgendes mitbringen:

- Er muss fit und gesund sein
- Ihr Hund sollte ausgewachsen sein, also mindestens ein Jahr alt
- Er hat durch seine Rasse keine körperlichen Nachteile (Riesenwuchs bei Doggen, zurückgezüchtete Schnauze bei Möpsen, zu langer Rücken bei Dackeln)
- Die Grundkommandos sitzen

Die Vorteile für Agility sind eindeutig, dass Ihr Hund fitter wird, sich auch geistig auslastet und mit Ihnen zusammenarbeitet. Ihre Beziehung wird gestärkt und Sie lasten Ihren Vierbeiner artgerecht aus.

Agility für zu Hause

Für den Trendsport brauchen Sie sich jetzt nicht extra in einem Verein anmelden. Auch zu Hause kann Ihr Hund viel Spaß mit Slalom und Tunneln haben. Dafür müssen Sie gar keine Utensilien kaufen. Mit etwas Kreativität lässt sich auch mit Dingen in Ihrem Haushalt ein schöner Parcours aufbauen.

Für den Tunnel können Sie einfach ein paar Stühle hintereinander stellen und eine Decke über diese legen. Ihr Hund soll nun zwischen den Beinen hindurchlaufen. Für manche Hunde ist es eine große Überwindung, durch einen Tunnel zu laufen. Dafür können Sie sich Hilfe bei jemand anderem holen:

- Locken Sie Ihren Hund in den Tunnel und warten Sie auf der anderen Seite auf ihn. Jetzt versperrt Ihr Helfer den Eingang, durch den Ihr Hund in den Tunnel gegangen ist. Er kann nur noch zu Ihnen.
- Sie werden sehen: Nach nur wenigen Malen geht Ihr Hund schon ganz alleine durch den Tunnel und freut sich über diese Aufgabe.
- Klappt es schon gut, können Sie ihn mit einem Fingerzeig zum Tunnel schicken und den Befehl „Tunnel" zusätzlich aufbauen.
- Schicken Sie ihn jetzt aus immer weiterer Entfernung in den Tunnel.

Auch das Balancieren über schmale Bretter können Sie zu Hause üben: Dafür nehmen Sie sich ein stabiles Regalbrett und legen es über zwei Getränkekisten.

- Anfangs sollten Sie Ihren Hund lieber an der Leine über das Brett führen, um ihm Sicherheit zu geben.
- Hat Ihr Hund seine Balance gefunden und geht sicher über das Brett, können Sie ihn allein gehen lassen und auch hier die Entfernung zum Hindernis immer mehr erhöhen.

Für das Springen über Hürden können Sie zum Beispiel einen Besenstiel zwischen zwei Stühle klemmen oder sich draußen einen passenden Ast oder niedrigen Zaun suchen.

- Locken Sie Ihren Hund auch hier mit einem Leckerli über das Hindernis oder mit einem Spielzeug.
- Bauen Sie nach und nach den Befehl „Spring" oder „Hopp" dazu auf und erhöhen Sie auch hier immer mehr den Abstand zum Hindernis.

Wenn Ihr Hund diese Basics verstanden hat, finden Sie auf Spaziergängen sicher ganz viele Möglichkeiten, das Gelernte auch zu üben und immer wieder anzuwenden – ausgehöhlte Bäume als Tunnel, Bänke zum Balancieren oder kleine Zäune als Hürde.

Bonus: Leckerli-Rezepte mit Backmatten

Ganz nach dem Grundsatz „Verknüpfen Sie die Leine mit Spaß und Leckereien“ gibt es hier ein paar Hundeleckerli-Rezepte zum Selbstbacken – denn selbstgemacht schmeckt es auch Ihrem Hund bestimmt am besten!

Anmerkungen:

- Eine **Portion** entspricht einer Standard-Backmatte (Maße 40 cm x 28 cm x 1,5 cm, circa 200 Portionen). Natürlich lassen sich die Rezepte aber auch auf andere Backmatten anwenden.
- Die **Nährwerte** sind pro Hundeleckerli (pro Portion) angegeben.
- Vor dem eigentlichen Backen diverser Hundekuchen und Co. ist es ratsam, die Backmatte vorab einmal für **zwei bis drei Stunden bei 200 Grad Celsius** in den Backofen zu legen, damit diese ausgiebig ausdampfen kann. Haben sich zuvor im Silikon noch Chemikalien befunden, sind diese damit zum großen Teil schlichtweg verdampft.
- Sind in den Leckereien **tierische Produkte** verarbeitet worden, sollten Sie diese stets im **Kühlschrank** lagern. Innerhalb von **drei bis fünf Tagen** sollten diese dann auch an den Hund verfüttert werden.

KAROTTEN-PUTEN-LECKERLIS

Nährwerte p. P.: 4 kcal, 0 g Kohlenhydrate, 0 g Fett, 0 g Eiweiß

Portionen: 1

Dauer: 45 Min.

Schwierigkeitsgrad: Mittel

Zutaten:

1 Karotte
200 g Putenfleisch
1 Scheibe Toast
1 Ei
80 g Haferflocken
1 Esslöffel Leinöl
Etwas Wasser

Zubereitung:

1. Die Karotte von ihrer Schale befreien und dann fein raspeln. Danach die Putenbrust in kleine Stücke zerteilen und in etwas Wasser garen.
2. Im Anschluss das gekochte Putenfleisch mit der geraspelten Karotte, den Haferflocken, dem Ei, dem Leinöl sowie der Scheibe Toast in den Mixer geben und alles gut durchpürieren.
3. Zeigt sich die Konsistenz des Teiges jetzt ein wenig zu zähflüssig, kann noch etwas Wasser zugegeben werden.
4. Danach den Teig auf der Backmatte verteilen und diese für eine halbe Stunde bei 160 Grad Celsius Ober-/Unterhitze in den Ofen geben.

Tipp: Kalorienarme Hundeleckerlis für Vierbeiner, die zu Übergewicht neigen!

HAFERFLOCKEN-HACK-KEKSE

Nährwerte p. P.: 7 kcal, 1 g Kohlenhydrate, 0 g Fett, 0 g Eiweiß

Portionen: 1

Dauer: 25 Min.

Schwierigkeitsgrad: Mittel

Zutaten:

150 g Rinderhack
1 Ei
150 g Weizenvollkornmehl
150 g Haferflocken
Eventuell etwas Wasser

Zubereitung:

1. Das Rinderhack mit dem Ei, dem Weizenvollkornmehl sowie den Haferflocken in den Standmixer geben und alles ordentlich durchmischen.
2. Höchstwahrscheinlich sollten Sie noch etwas Wasser unter den Teig rühren, damit dieser sich besser auf der Backmatte verteilen lässt.
3. Danach den Rinderhack-Mix also auf die Backmatte streichen und diese 20 Minuten lang bei 150 Grad Celsius in den Backofen geben.

KRÄUTER-LEBERWURST-LECKERLIS

Nährwerte p. P.: 7 kcal, 1 g Kohlenhydrate, 0 g Fett, 0 g Eiweiß

Portionen: 1

Dauer: 20 Min.

Schwierigkeitsgrad: Leicht

Zutaten:

100 g Leberwurst
2 Esslöffel gemischte Kräuter
3 Eier
1 Esslöffel Sonnenblumenöl
250 g Haferflocken
Etwas Wasser

Zubereitung:

1. Die Leberwurst mit den Haferflocken, den gemischten Kräutern, den Eiern sowie dem Sonnenblumenöl durchmischen.
2. Wahrscheinlich zeigt sich die Konsistenz jetzt ein wenig fest, sodass es ratsam ist, einen Schuss Wasser unter das Ganze zu rühren.
3. Jetzt den Teig gleichmäßig auf die Backmatte geben und diese bei 180 Grad Celsius für eine Viertelstunde in den Backofen legen.

LÖWENZAHN-LECKERLIS

Nährwerte p. P.: 5 kcal, 1 g Kohlenhydrate, 0 g Fett, 0 g Eiweiß

Portionen: 1

Dauer: 20 Min.

Schwierigkeitsgrad: Leicht

Zutaten:

150 g Vollkornhaferflocken
1 Esslöffel Vollkornmehl
1 Esslöffel Margarine
2 Esslöffel Löwenzahnblätter (klein gehackt)
2 Eier

Zubereitung:

1. Den Löwenzahn säubern und anschließend fein zerhacken. Diesen dann mit den Haferflocken, dem Vollkornmehl, der Margarine sowie den Eiern in eine Schüssel geben und alles ausgiebig durchmixen.
2. Die vitaminreiche Masse dann auf die Backmatte streichen.
3. Bei 160 Grad Celsius müssen die Leckerlis jetzt eine Viertelstunde im Ofen backen.

KEFIR-BANANEN-LECKERLIS

Nährwerte p. P.: 3 kcal, 0 g Kohlenhydrate, 0 g Fett, 0 g Eiweiß

Portionen: 1

Dauer: 35 Min.

Schwierigkeitsgrad: Leicht

Zutaten:

2 Bananen (überreif)
8 Esslöffel Mandeln (gemahlen)
4 Esslöffel Kefir

Zubereitung:

1. Die überreifen Bananen aus der Schale nehmen und diese mit einer Gabel zu Brei zerquetschen. Danach den Bananenbrei mit den gemahlenen Mandeln sowie dem Kefir verrühren.
2. Die Kefir-Bananen-Masse dann auf die Backmatte streichen und für eine halbe Stunde bei 160 Grad Celsius Ober-/Unterhitze in den Backofen legen.

Tipp: Diese Leckerlis sind nicht nur vitaminreich, sondern auch eiweißarm!

ZIMT-APFEL-LECKERLIS

Nährwerte p. P.: 4 kcal, 1 g Kohlenhydrate, 0 g Fett, 0 g Eiweiß

Portionen: 1

Dauer: 20 Min.

Schwierigkeitsgrad: Leicht

Zutaten:

150 g Dinkelmehl
60 g Haferflocken
1 Apfel (groß)
1 Esslöffel Kokosnussöl
2 Teelöffel Zimt

Zubereitung:

1. Zuerst den Apfel von seiner Schale und seinem Kerngehäuse befreien. Danach den Apfel fein reiben.
2. Jetzt den geriebenen Apfel mit dem Dinkelmehl, den Haferflocken, dem Zimt sowie dem Kokosnussöl in eine Schüssel füllen und alles ordentlich durchmixen.
3. Danach den Zimt-Apfel-Teig gleichmäßig auf die Backmatte streichen und diese bei 160 Grad Celsius Umluft eine Viertelstunde in den Backofen legen.

Tipp: Kalorienarme, aber dennoch vitaminreiche Leckerlis, wie Hunde sie lieben!

KÄSE-MAISMEHL-LECKERLIS

Nährwerte p. P.: 5 kcal, 0 g Kohlenhydrate, 0 g Fett, 0 g Eiweiß

Portionen: 1

Dauer: 20 Min.

Schwierigkeitsgrad: Leicht

Zutaten:

120 ml Hühnerbrühe
120 g Maismehl
150 g Emmentaler (gerieben)

Zubereitung:

1. Alle drei Zutaten ordentlich miteinander vermengen. Danach den Teig gleichmäßig auf die Backmatte streichen.
2. Diese dann für eine Viertelstunde bei 170 Grad Celsius Ober-/Unterhitze in den Backofen legen.

SALAMI-KÄSE-LECKERLIS

Nährwerte p. P.: 7 kcal, 0 g Kohlenhydrate, 0 g Fett, 0 g Eiweiß

Portionen: 1

Dauer: 25 Min.

Schwierigkeitsgrad: Leicht

Zutaten:

3 Scheiben Salami
200 g Frischkäse (körnig)
100 g Dinkelmehl
100 g Gouda (gerieben)
2 Eier
Ein halber Teelöffel Basilikum

Zubereitung:

1. Die Eier mit dem Frischkäse, der Salami, dem Dinkelmehl, dem geriebenen Gouda sowie dem zuvor zerhackten Basilikum in den Standmixer geben und alles fein pürieren.
2. Jetzt die Masse in die Vertiefungen der Backmatte streichen und diese für 20 Minuten bei 180 Grad Celsius in den Backofen legen.

Zum Abschluss

Nun haben Sie alles gelernt, was Sie wissen müssen, um mit Ihrem Hund in der Natur Spaß zu haben. Ob Sie nun mit Ihrem Welpen das Training beginnen oder Ihrem erwachsenen Hund mehr Freude auf den Spaziergängen schenken wollen: Mit den richtigen Übungen und einem konsequenten Training können Sie und Ihr Hund ein gutes Team werden und in allen alltäglichen Situationen funktionieren. Es gibt viele kreative Möglichkeiten, wie Sie mit Ihrem Hund jeden Tag kleine Abenteuer erleben können und auch aus einem passionierten Jäger oder einem Angsthund im Training einen entspannten Begleiter machen können.

Mit einer guten Leinenführung und der richtigen Beschäftigung beim Gassigehen können Sie

- entspannt von A nach B gelangen.
- Hundebegegnungen problemlos meistern.
- im Straßenverkehr sicher unterwegs sein.
- den perfekten Rückruf trainieren.
- den Spaziergang für Ihren Vierbeiner und Sie aufregender gestalten.

- eine bessere Beziehung zwischen Ihnen erzeugen.
- die Kommunikation zu Ihrem Hund verbessern.
- sich selbst für Ihren Hund spannender gestalten.
- Ihrem Hund durch einen sicheren Freilauf mehr Freiheit schenken.

Sie haben gelernt, wie Sie mit Problemen umgehen können und wo diese Probleme überhaupt herkommen – häufig durch falsch verstandene Hunde, deren Körpersprache nicht gelesen wird. Sie wissen nun, was der „Will to please" ist und wie Sie ihn sich zunutze machen können – und wie nicht. Sie können nun mit Ihrem Hund leichter kooperieren und die Bindung zwischen Ihnen stärken. Vor allem klare Befehle und Signale bauen Sie nun auf, damit Ihr Hund Sie auch versteht und sich kein Frust aufbaut. Schon nach ein paar Wochen des Trainierens und Übens werden Sie sehen: Es lohnt sich, am Ball zu bleiben. Für Sie und für Ihren Vierbeiner!